我也要當

YouTuber

第二版

LIVE VIDEO

百萬粉絲網紅不能說的秘密

拍片、剪輯、直播與宣傳實戰大揭密

102 個打造爆紅頻道的經營攻略，
百萬粉絲不是夢！
直播主也推薦，YouTuber 實戰第一指名！

關於文淵閣工作室

常常聽到很多讀者跟我們說：我就是看你們的書學會用電腦的。

是的！這就是寫書的出發點和原動力，想讓每個讀者都能看我們的書跟上軟體的腳步，讓軟體不只是軟體，而是提升個人效率的工具。

文淵閣工作室創立於 1987 年，第一本電腦叢書「快快樂樂學電腦」於該年底問世。工作室的創會成員鄧文淵、李淑玲在學習電腦的過程中，就像每個剛開始接觸電腦的你一樣碰到了很多問題，因此決定整合自身的編輯、教學經驗及新生代的高手群，陸續推出 「快快樂樂全系列」 電腦叢書，冀望以輕鬆、深入淺出的筆觸、詳細的圖說，解決電腦學習者的徬徨無助，並搭配相關網站服務讀者。

隨著時代的進步與讀者的需求，文淵閣工作室除了原有的 Office、多媒體網頁設計系列，更將著作範圍延伸至各類程式設計、攝影、影像編修與創意書籍，如果您在閱讀本書時有任何的問題或是許多的心得要與所有人一起討論共享，歡迎光臨文淵閣工作室網站，或者使用電子郵件與我們聯絡。

- ■ 文淵閣工作室網站　http://www.e-happy.com.tw
- ■ 服務電子信箱　e-happy@e-happy.com.tw
- ■ 文淵閣工作室　粉絲團　http://www.facebook.com/ehappytw
- ■ 中老年人快樂學　粉絲團　https://www.facebook.com/forever.learn

總 監 製 ： 鄧文淵　　　　企劃編輯 ： 鄧君如

監 　 督 ： 李淑玲　　　　責任編輯 ： 鄧君怡

行銷企劃 ： 鄧君如‧黃信溢　　執行編輯 ： 黃郁菁、熊文誠

本書範例

從零開始的 YouTuber 實戰攻略，跟著做就對了！書中示範許多實用的影片上傳、後台管理與剪輯技巧，如果手邊沒有合適的相片、影片，可以先使用書附完整範例練習檔案，讓你閱讀內容的同時，搭配範例實際操作，在最短時間內掌握學習重點。

本書 <Part4>、<Part6> 範例的相關檔案，已整理於該資料夾中，練習時 Step by Step 跟著說明操作省時又省力。

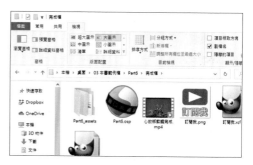

▶ 線上下載

本書範例檔、附錄 (PDF 電子檔)，內容請至下列網址下載：

http://books.gotop.com.tw/DOWNLOAD/ACV043000

選按 **範例檔.zip**、**附錄.zip** 即可下載書附範例壓縮檔，檔案為 ZIP 格式，讀者自行解壓縮即可運用。

其內容僅供合法持有本書的讀者使用，未經授權不得抄襲、轉載或任意散佈。

本書特點

我也要當 YouTuber！這本書就是寫給還沒入行、入行了還在浮沈奮鬥的你，搞懂 YouTube 背後潛規則、拍片實作優化頻道、影片剪輯與直播、善用數據行銷、提升曝光度與搜尋排名…，隱藏版的爆紅秘技與工具應用完整分享。

設備與環境

YouTube 平台以電腦瀏覽器較能完整設定操作，本書主要以 Chrome 瀏覽器為主示範操作設定畫面，行動裝置說明的部分則是以 Android 系統為主，若 iOS 系統上功能有所差異時則會以 "(或 **)" 表示。

閱讀方法

以 Tips 方式說明，針對想學習的技巧練習，隨查隨用，快速解決使用問題。

Tips 編號、主要功能與相關介紹

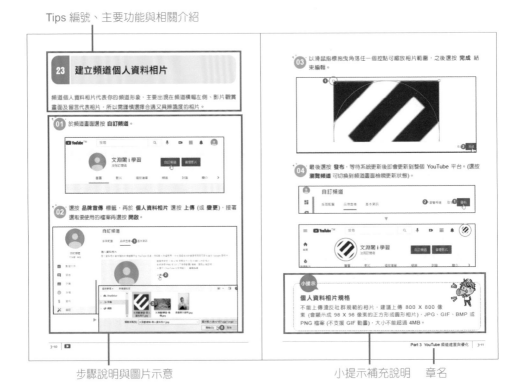

步驟說明與圖片示意　　　　　　　　　小提示補充說明　　章名

目錄

Part 03 YouTube 頻道建置與優化

Part
05 用直播提升粉絲熱度

Part
06 免費剪輯軟體讓影片更吸睛

Part

07 分析流量就能了解頻道成效

附錄A：取得免費中文字型與音訊素材
附錄B：更多剪輯軟體介紹

附錄單元為 PDF 電子檔形式，請見「線上下載」。

想成為 YouTuber，
你也可以是自媒體

YouTuber 是新世代的夢想行業，坐擁高曝光度及大批的觀眾、追隨者，但是在這些光環的背後有著不為人知的辛苦，首先就來一探 YouTuber 的創業之路。

1 YouTube 影片的魅力

分享，讓創造的影片更加有價值

"影音" 是一種讓觀眾最容易了解訊息的媒體，以前想把拍攝的影片分享給目標客群，非常耗時又常有預算限制。現在有了 YouTube，分享影片再也不困難，任何人都可以上傳並分享自己拍攝的影片。

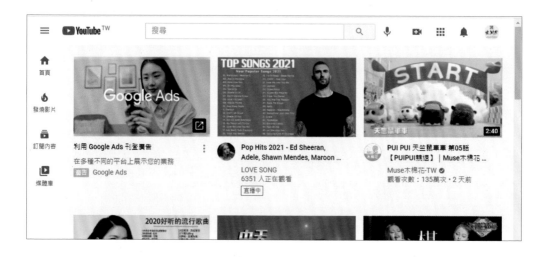

與 Google 結合，更強大的搜尋及曝光

YouTube 被 Google 收購後，不僅成為世界上最炙手可熱的影音平台，也因為自家公司 Google 搜尋引擎的關係，大大提升了 YouTube 影片的曝光度。

"一個畫面勝千言萬語"，YouTube 影片之所以能受到大眾的喜愛，就是它可以瞬間就抓住觀眾目光，不管是什麼類型的內容，可能是電玩實況、3C 產品開箱文、搞笑影片...等，只要跟上熱門時事，或是拍攝的內容有趣又充滿創意，都有可能會成為高點閱率的話題影片。

2　自媒體時代，你也可以成為 YouTuber

什麼是自媒體？

在數位溝通的時代，大量崛起的自媒體現象造就許多網路名人，什麼是 "自媒體" (self-media 或 we media)？一般指的是私人的、普泛及自主的媒體傳播者，向不特定或特定的受眾傳遞資訊的新媒體。自媒體始於部落格、微博、論壇、社群網路...等各式平台，讓人人都有機會可以成為媒體且具有傳媒的功能。

"自媒體" 有別於傳統媒體的傳播方式，具有傳統媒體傳播資訊功能，卻不需要傳統媒體複雜的運作架構，就算只有自己一個人，也可以執行發布及傳播資訊。

目前常用的平台有 Facebook、YouTube、Instagram、Twitter、微博、抖音...等，透過圖片、影片、直播...等方式來吸引觀眾。

什麼是 YouTuber？

YouTuber 源自於 YouTube 與字尾 "er" (代表其職業)，是指專門在 YouTube 上傳原創影片，並藉此賺取收益的人，近幾年成為許多網路世代年輕人的夢想職業。

人人都可以是自媒體的今天，成為 YouTuber 很簡單，但如果想要賺取收益，勢必要有一定的人氣與知名度，在龐大的瀏覽量與訂閱群下，才能帶來一定程度的收益，為未來發展造就更多的可能性。

什麼是網紅?

「網紅」一詞,最初為 "網路紅人" 的簡稱,指的是在網上做直播,與觀眾互動的人,之後亦指在某個領域小有名氣,或是從一部影片、新聞...中突然爆紅的素人或藝人。自從網路普及,這些被網路創造出來的明星,不僅出現在日常生活,更透過盛行的社群媒體:FB、IG 或 YouTube...等建立屬於他們自己的平台,向世界各地的觀眾分享經驗與訊息,更吸引群眾的關注、互動、追蹤...等。

而所謂的 "網紅經濟",即是在社群媒體聚集的流量與熱度之下,對粉絲群進行商品推廣,將龐大的關注度轉化為購買力,進而將流量變現的商業模式。

什麼是 KOL?

關鍵意見領袖 (Key Opinion Leader),簡稱 KOL,在近幾年網路行銷中,扮演著重要推手!

有別於網紅,KOL 指在特定領域上具有影響力與發言權的關鍵意見領袖,他們可能是專家、學者、藝人、企業家、政治人物、YouTuber...等,他們不一定僅專注在單一領域,也有可能涉獵多項不同領域。KOL 不僅熟悉媒體運作,更透過各式社群與粉絲保持高互動,也因為他們獨到的意見與專業知識而獲得廣大粉絲的認同與信任,進而在相關領域上發揮相當程度的影響力。

數位行銷有多種工具,在考量合適的平台及作品形式之外,還要清楚受眾的年紀、姓別、職業...等資料,因為不同形式的作品,對各平台的受眾族群都有不同的影響。想要成為一個 KOL,除了要花時間與群眾交流,對自己的專業也要不斷努力精進、學習新知,傳遞正確的內容與資訊,切勿抄襲別人的內容,否則不但可能遭受質疑,連帶群眾信任感也會大大的降低,要挽回就非常困難了。

3 當 Youtuber 要做的準備

將 YouTuber 當成職業的門檻乍看並不高，好像只要買台手機和自拍棒，再拍出影片上傳到 YouTube 就可以，真的是這樣嗎？一起來了解這個行業基本要做的事。

▶ 時間安排與掌控

實際要付出的時間有多少？根據統計，10 萬以上訂戶的 YouTuber，完成一個完整的影片，七成以上要花至少 6 小時，更有三分之一的人要花超過 8 小時，這個時間還不包括平常要時時接觸新的資訊、學習新技能、與人交流、影片前置策劃與準備。

▶ 定時上傳，培養粉絲習慣

超過半數的 YouTuber 每週至少上傳二部新影片，不論是否有新想法、身體不適、心情不好或是各式各樣的情況，都要定時定量製作與上傳新影片，最好還能不時開直播與觀眾互動。

▶ 興趣與現實結合，探索更多可能性

參加各種活動增加個人曝光度，更現實的是，還需要花時間洽談適當的商品置入或是廠商合作、週邊商品以增加收入，沒有週休二日與國定假日，遇到假日或是節慶反而更需要舉辦活動來與大家互動。

▶ 肯定自己，持續嘗試就對了

除了時間與精神的花費，更重要的是心理建設。在公開平台上，不可能每個人都懂得欣賞你獨特的創意，精心設計的場景、化妝、服飾...等也可能因為不同的審美觀，影片一上傳就有人留言說："醜死了！"、"這內容也太無聊了"...等評論，有些人或許只是開玩笑或是好心想給建議，但看在用心的你眼裡卻是另一番心情，這是每個知名的 YouTuber 必經之路。

4 YouTuber 創業之路

有人因為拍了一段影片、一個短劇爆紅，然而 YouTuber 想靠影片點閱取得穩定收入，除了富有熱情與強大心理建設以外，充足的準備與長遠規劃才能走得長久。

▶ **設定自我定位與長期目標**

為什麼想要以 YouTuber 為職業呢？想要傳播的內容是什麼？長期來說想要達到什麼目標？以這些問題釐清定位與目標後才能踏出第一步，往後的規劃都是以這些為基礎。

▶ **攝影設備與場景**

YouTuber 上傳的必須是影片，所以拍攝的設備是必要投資，需準備的設備會因為主題或場景的不同而調整。拍攝時有固定的背景則可以省下不少後製時間，也讓觀眾對你的影片更有熟悉感 (可參考 Part 2 詳細說明)。

▶ **了解 YouTube 的設定與運作模式**

社群平台有很多，YouTuber 主要的平台是 YouTube，熟悉平台的操作與功能，可以為影片上架節省許多時間，也可以讓你透過更快、更簡單的方式，隨時隨地管理頻道 (可參考 Part 3 詳細說明)。

▶ **了解時事**

時事通常最能引起共鳴，在搜尋時也最容易被找到，與時事連結發揮是個好方法，但如果是較負面或與自己定位不同的時事，也要懂得避開，可以減少與網友開戰或負評的機會。

▶ 不斷的吸收新知與進步

YouTuber 這個職業因為網路而崛起，網路帶來大量、無國界的知識與消息，想要成為知識傳播者更要持續不斷的進步，接收新知識可以為你帶來更多新點子與想法，引領你的觀眾開啟不同眼界。

新設備或新行銷方式也能達到如虎添翼的效果，但要考慮是否適合自己的頻道屬性，或是經濟上能不能負擔，對自己的助益是否大於付出，這些都是參與或投入前要先想想的。

▶ 記錄大小事

YouTuber 除了製作影片還有很多事情要同步進行，記錄可以掌握與安排每一次的主題，不論該次主題是否成功，都可以想一想原因，成功經驗可以再複製，失敗經驗則成為下次的借鏡。

▶ 規律健康的生活

如果是全職的 YouTuber，沒人管上下班時間，是不是就可以睡到飽？其實很多 YouTuber 會剪片剪到半夜，因為白天要與廠商洽談事務、拍片、出席活動、寫腳本...等，有些要上班、上課，時間相當寶貴，所以規律有計劃的生活就相當重要。適當的休息、工作與生活才能走得長久，否則感冒生病，短期或許可以用庫存影片撐一下，但長期無法按計劃前進，最後可能加倍背負了產出作品的痛苦與壓力！

NOTE

想點子與拍片前要了解的事

YouTuber 的出現,讓拍影片儼然成為一種全民運動。影片
創意發想、收集素材、腳本編寫、到開始拍攝是一段需要投
入大量心力的過程,也得購置相關設備,若想要以 "網紅" 為
業,這些都是不可或缺的。

5 了解 YouTube 政策與規範

YouTube 的社群規範

YouTube 雖然是個自由的平台，但還是要遵守相關政策與規定，確保影片內容和自身的行為符合 "社群規範"。

在 YouTube 上傳影片、建立直播或是張貼留言，如果包含了裸露色情、有

害或危險仇恨、暴力、血腥、騷擾
與網路霸凌、威嚇...等內容，就會
被 YouTube 移除並警告，如果發
生多次警告，有可能會終止頻道。
(詳細的社群規範可參考 https://
support.google.com/youtube/
answer/9288567 的說明)

YouTube《社群規範》

YouTube 是由世界各地觀眾組成的廣大社群，為了確保 YouTube 提供使用者有趣方的《社群規範》。

如果您認為有內容違反了《社群規範》，請檢舉該內容，以利 YouTube 員工進行

創作者可採取的最佳做法

您可以透過以下幾個常識性規則瞭解我們的政

- 背景資訊的重要性
- YouTube 創作者的影響力
- 兒童相關內容的最佳做法

YouTuber 的版權規定

上傳的影片內容需為自製素材，或是已取得
(購買) 使用授權的內容，像是一定會用到的
背景音樂檔、音效素材、圖片及字型...等，
否則會違反版權規定，影片可能會被靜音或
是移除。如果未徵求影片擁有人同意就擅自
發布其影片，且影片內容包含足以識別身
分的圖像、聲音、全名或其他個人資訊，這時會被對方要求移除該影片。一

常見的版權相關迷思

許多使用者對版權及 YouTube 上的版權運作方式常有誤解，以
不能避免他人對您的內容提出版權聲明。

迷思 1：只要註明版權擁有者的姓名，就能使用他們

迷思 2：聲明自己的影片「非營利」，就能隨意使用

迷思 3：其他創作者都這麼做，所以我也可以跟進

旦 YouTube 影片確認侵權，會遭到移除並收到一次版權警告，累積三次版
權警告後，就會被終止帳號及頻道。(詳細的版權規範可參考 https://support.
google.com/youtube/answer/2797466 的說明)

另外一種常見的狀況，就是使用其他人影片的部分內容剪輯成自己的影片，又稱為 "二次創作"，由於原始影片版權是屬於擁有者，對方有權要求你將影片移除。

在法律原則和保障機制的規範下，主張部分情況，不必取得版權擁有者同意就可以使用對方的影片內容，稱為 "合理使用原則"，採行的標準會依不同國家與地區而有所不同。(詳細的 "合理使用原則" 說明與規範可參考 https://support.google.com/youtube/answer/9783148 的說明，或是向律師徵詢法律上的建議。)

YouTube 影片有年齡限制

上傳的影片沒有違反 YouTube 的社群規範，但是影片內容可能不適合未成年的小孩觀看，這時 YouTube 會針對該影片的內容謹慎審核，並設定年齡限制。而年齡限制的影片內容如以下列舉項目：

▶ 兒童安全

▶ 有害或危險的活動，包括管制物質和藥物

▶ 裸露及性暗示內容

▶ 暴力或血腥內容

▶ 粗俗言語

如果觀眾年齡未滿 18 歲或未登入 YouTube 帳號，就無法瀏覽設有年齡限制的影片。(更詳細的年齡限制內容可參考 https://support.google.com/youtube/answer/2802167 的說明)

專為兒童打造的影片

為了幫兒童們營造一個乾淨的網路環境，在 2020 年初，YouTube 開始嚴格遵循 "兒童網路隱私保護法 (COPPA)" 的規定，只要影片中的演員、角色、遊戲或是歌曲...等題材，有吸引兒童的意圖存在，就會被歸類為 "為兒童打造" 的內容。

而這類型的內容不僅被限制營利，甚至還會關閉通知與留言，所以在拍攝上傳及設定影片時，得小心別觸及相關的規定。(詳細的規範可參考 https://support.google.com/youtube/answer/9528076 的說明)

另外，所謂 "兒童" 在美國是指未滿 13 歲的小朋友 (而台灣法律規定則未滿 12 歲者)。

注意：美國聯邦貿易委員會在 2019 年 11 月發布了更多相關資訊，童打造" 的內容。詳情請參閱美國聯邦貿易委員會的網誌 ⊿ 。

為兒童打造

為兒童打造的影片內容示例：

- 兒童是影片的主要觀眾。
- 影片不以兒童做為主要觀眾，但影片中的演員、角色、活動、曲、故事或其他題材反映了吸引兒童的意圖，因而屬於兒童導容。

詳情請見 下方。

Content ID 聲明

Content ID 是 Google 開發的一套免費系統，讓版權擁有者可以透過此系統識別及管理自己的 YouTube 內容。版權擁有者能自行決定是要封鎖、追蹤，或是獲取影片放送的廣告營利。

假設你在影片中加入一段受版權保護的素材，上傳 YouTube 後，經過比對發現符合版權資料庫裡的項目，就會收到 "Content ID 聲明" 的通知，此時該素材的擁有者就可決定是要封鎖你所上架的影片，或是允許繼續保留在 YouTube 上，若是你有營利的話，該影片所投放的廣告所得獲利將歸版權

什麼是 Content ID 聲明？

如果您上傳的影片中含有受版權保護的內容，就有可能會收到 Content ID 聲明，這 Content ID 系統中其他影片 (或其他影片的一部分) 相符時產生。

對於和自己的版權作品相符的上傳內容，版權擁有者可設定 Content ID 予以封鎖、 續保留在 YouTube 平台上，但播放時必須放送廣告。若為後者，收到版權聲明的內 擁有者所有。

如何得知我的影片是否收到 Content ID 聲明？

當 Content ID 辨識出您的影片含有版權內容時，您就會收到 YouTube 寄來的電子郵 到的版權聲明，請採取下列步驟：

1. 登入 YouTube 工作室 ⊿ 。
2. 按一下左右選單中的 [內容]

擁有者；若是無營利，則該版權的擁有者可選擇追蹤該影片的播放成效。
(詳細的 Content ID 聲明規範可參考 https://support.google.com/youtube/answer/6013276 的說明)

關於黃標與紅標

當你的營利影片上傳發布，在經過系統審核後，會有以下三種狀況：

營利正常　　　　　部分營利　　　　　禁止營利
　　　　　　　　　受到限制

▶ $ **啟用**：影片營利功能已啟用，並且符合所規範的內容，可以投放大部分的廣告並從中獲得全部收益。

▶ $ **受限**：影片營利功能已啟用但受到部分限制，只會投放部分廣告或是完全無法投放廣告，會與創作者分享或減少收益。

　當影片被標示為 $ 狀態時，並不是你的影片內容違反了 YouTube 社群規範，而是你的影片屬性並不符合 "廣告客戶青睞內容規範" (例如影片中常出現粗俗的行為、言語)，或是內容、話題不適合某區域是國家，就會部分廣告無法投放或是禁止營利。當然也有其他情況，像是翻唱音樂影片，由於版權擁有者聲明版權，並同意且願意與製作音樂翻唱的 YouTube 合作夥伴計畫創作者分享共同收益，代表即可從中獲取部分收益。

▶ $ **不符資格**：影片營利功能已啟用，但由於收到了 Content ID 的版權聲明通知，因此無法營利，所以也無法獲得收益。

(詳細的 YouTube 營利狀態指南可參考 https://support.google.com/youtube/answer/9208564 的說明；廣告客戶青睞內容規範可參考 https://support.google.com/youtube/answer/6162278 的說明)

6 定位與獨特性

YouTuber 一開始經營頻道時，可以先從自己喜愛或專長的領域著手，像是對電腦修圖比較拿手，就以影像合成技巧教學為主，慢慢開始建立屬於自己的形象與特色，等訂閱者累積到一定程度或有餘力時，再朝其他主題發展。別一開始什麼主題都想拍，一來可能會讓影片內容不精彩，再者觀眾會覺得你拍的影片不夠專業，進而影響訂閱率，所以不如一開始就專心在你熟悉的領域上，以觀眾的角度出發，拍出具話題性又能產生共鳴的影片。

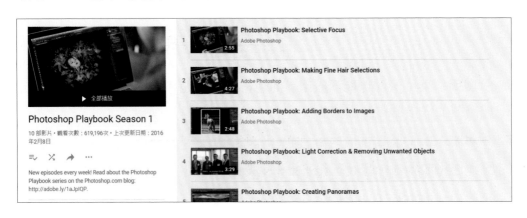

7 針對觀眾口味拍攝合適的影片

拍兒童玩具的開箱，觀眾可能是國中、小或媽媽們族群；3C 產品、遊戲實況或是模型的開箱或組裝，觀眾就是廣大的宅宅們；如果你的影片是純粹搞笑、吃播、評測影片、教學影片…等內容，那觀眾就可能涵蓋全部年齡層的人；了解目標觀眾群有什麼共同喜好？觀察需要什麼服務或分享？以此擬定更有吸引力的創意與主題。

8 收集創意，發想主題

生活週遭全是創意的來源。影片內容的創意發想不限時間、空間與地點，靈感有時候就會忽然間蹦出來。好比看電影時看到某個片段，忽然靈光乍現 "喔！這個橋段不錯，找時間來試拍一下，看能不能發想出合適的主題。"

觀看其他人的開箱文時，同時思考著 "如果是我來拍這樣的開箱文，哪裡可以加強說明！哪裡可以變化不同的表現方法。"

隨時隨地都可 "發現" 創意主題，想到什麼創意就記錄下來，然後把這些想法一一整合變成一個完整的故事，如此才能讓你的影片創作源源不絕，充滿熱情與動力。

一部好的影片光靠一個創意是不夠的！還需不斷添加新元素、時時推演才行。網路世界瞬息萬變，今天可能是一部介紹 "Plash Speed 路由器" 的影片火紅，明天變成 "PUI PUI 天竺鼠車車" 的影片佔據點閱率第一，因此不斷的求知與進步，掌握熱門話題與即時資訊，了解廣大網友最關注的元素，才能創造最流行、最多人關注的影片。

9 掌握快訊與趨勢

Google 快訊

利用 **Google 快訊** (https://www.google.com.tw/alerts) 可以讓你快速掌握許多流行時事、即時新聞、科技訊息...等等，只要於上方搜尋欄位輸入快訊關鍵字，例如：體育、娛樂...等，再選按 **建立快訊**，就能隨時擁有該主題的最新資訊。

Google 搜尋趨勢

最近熱門搜尋的關鍵字是什麼？全世界最火紅的話題是什麼？透過 **Google 搜尋趨勢** (https://trends.google.com.tw/) 輸入關鍵字、指定地點、時間、資料來源範圍，結果即會依時間序列及流行度分析呈現，讓你快速掌握世界趨勢。

10 靈感爆發隨手筆記

發想主題最重要的第一步，即是隨時記錄閃過腦海的任何想法，然而想到要記錄時卻發現手邊根本沒紙筆可以將剛剛的靈感記錄起來，該怎麼辦呢？其實記錄事情不一定要用紙筆，現在手機都有數位筆記 App 可用，以下介紹幾款常用的 App 幫你捕捉並安排靈感：

Evernote：一般輸入或掃描手寫的筆記，以多種形式記下筆記，包括：文字、塗鴉、照片、語音、影片、PDF 檔、擷取網頁文章...等，且可以跨裝置 (電腦、手機) 同步處理筆記。

Microsoft OneNote：一般輸入或手寫都可以，除了使用多種畫筆色彩和設定來建立美觀的手寫筆記、繪圖，甚至撰寫數學方程式。還可以跨裝置同步處理筆記，或搭配 Office 系列軟體使用 (如 Word 或 Excel)。

Google Keep：快速記錄當下所思所想，並設定於指定地點或時間收到提醒通知，還可用語音備忘錄隨走隨錄，自動將語音轉譯成文字，並加入拍下的海報、收據或文件的相片，新增的每一筆記事都會同步到所有裝置。

備忘錄：備忘錄是 iOS 預設的數位筆記 App，除了可以記錄文字訊息，還可透過手寫或繪圖、拍照、錄影、檢查表、地圖...等形式記事，可以跨裝置同步處理筆記。

熊掌記 (Bear)：熊掌記是許多作者、網站開發者、學生...等各類人士愛用的 App，快速收集與創建草稿或網頁，並支持多種匯出格式，包括：PDF、HTML、DOCX、JPG...等，介面十分優雅。(目前不支援 Windows 與 Android。)

11 資料收集、搜尋與勘查

完成創意發想，接著就是要開始收集相關資料與調查訪問。**Google 搜尋** 是收集資料的好用工具，如果是熟悉的主題，那發想過程較易上手，但如果是不熟悉的領域，該如何收集相關資料？在此以 "第一次露營就上手" 的主題來示範：

用關鍵字精準搜尋資料

於 Chrome 瀏覽器開啟 Google 首頁搜尋，輸入「露營要用的基本用具」，可得知初次露營會用到的器材。

列出基本器材清單後，可針對各器材再搜尋更精準的資料，如："露營帳推薦"，找出幾個較知名或是 CP 值較高、多人推薦的品牌，查詢是否可租借或需自購，分別列舉幾個不錯的產品並記錄起來。

用 YouTube 查看影片

除非你想拍攝的主題是前無古人、後無來者，否則多多少少可以在網路中找到相關的影片，例如在 YouTube 搜尋「camping」或是「露營」，都可以找到許多影片，再從中學習相關的技巧與知識。

用 Google 地圖查詢位置

如果需要出外景拍攝，**Google 地圖** 也是相當好用的工具，不論是找路或是找住宿、美食，都可在 Google 地圖中搜尋。例如要找露營的場地，可以輸入「(想去的縣市) 露營場地」，再於搜尋結果挑選合適的露營場地。當然，可以再對該露營場地做資料搜集，取得更多話題或是特色介紹資訊。

驗證資料與拍攝地點勘查

完成資料的搜尋與記錄後，要開始驗證資料與勘查，上網搜尋的資料或多或少都有一些錯誤或瑕疵，可透過特定學術網或是機構來獲取更正確的資訊並確認手邊資料的內容。例如在搜尋關鍵字後方按一下空白鍵，再加上「site:edu」，表示搜尋 "學術單位" 網域中的資料，而輸入「site:gov」或是「site:org」，表示只搜尋 "政府單位" 或是 "財團法人" 網域中的資料。

也可以到書局翻閱相關書籍，或是在 Google 圖書 (https://books.google.com.tw/books) 購買電子書，從書中查證自己收集的資訊是否有誤，或是有其他相關知識可供交叉比對、再次確認，這些都是必要的動作，可避免影片上傳後被網友吐槽錯誤。

若影片內容牽涉到外景場地或是特定的物品，最好也能事先勘景及確認，了解是否能拍攝或是否有額外的拍攝條件限制，以免到了現場才發生不能拍攝的狀況。

12 確認影片主題

整理影片初步構思

完成相關資料的收集與查驗後，即可著手將資料匯整、分類，參考這些資料撰寫一份內容大綱，從開場到結束，過程中大概要怎麼說明或介紹，然後簡單默想幾遍，看看是否有遺漏或是可以加強的部分。

> 星夜露營區 雲林縣古坑鄉朝陽路1-310號 0975 123 456
> 臉書 https://www.facebook.com/%E6%98%9F%E5%A4%9C%E9%9C%B2%E7%87%9F%F
> 於雲林縣古坑鄉，鄰近古坑綠色隧道、石頭公園、劍湖山世界、梅山天梯、水漾園三古坑交流道下約5至10分鐘車程即可抵達，海拔高度約450公尺，坐擁起伏月，欣賞大自然季節變換的序幕。邀請單身朋友一起與我們同賞美景與體驗露營
>
> 古坑綠色隧道 介紹：http://emmm.tw/L3_content.php?L3_id=69764
> 石頭公園 介紹：https://fbuon.com/blog/post/202535881
> 劍湖山世界 介紹：http://fancyworld.janfusun.com.tw/
> 梅山天梯 介紹：https://www.taipingbridge.tw/
> 水漾森林教堂 介紹：https://fullfenblog.tw/yl-pinkcastel/
>
> 影片內容：
> 開場白後,先一一介紹露營設備,然後逐一比較各廠商的品質與售價、CP值,完成後

測試主題是否能引起共鳴

就算對選定的主題信心十足，但不代表其他人也會喜歡這樣的主題，所以在正式撰寫腳本與拍攝前，先找三五好友觀看你排練的內容，如果他們都覺得這個主題不錯，那就進入下個階段；如果不行，聽聽大家的意見，是否有需改進的部分，或是乾脆放棄這個主題重新來過，否則勉強拍好影片上傳卻不受歡迎，就真的是賠了夫人又折兵，白白浪費許多時間。

前面所提到的 "定位"、"主題發想"、"掌握快訊"、"資料收集"、"主題確認"...等，都是拍攝一部影片前所需要的基本準備過程。通常事先的準備越足夠，影片品質也會更好，重點是方向要正確，從拍攝中得到更多經驗，各方面的能力都會相對地提升。

13　撰寫腳本與順稿

撰寫腳本有幾個好處，可以讓你在拍攝過程中，不致突然詞窮說不出話；在後製影片上字幕時，打好的腳本文字檔也可以用作字幕，不用再辛苦的辨識影片聲音輸入文字，就算有些許出入，也至少比從頭開始打字方便許多。

14　設計分鏡表

分鏡表是出外景或多人合作拍攝必備的圖片格式腳本。在實際拍攝前以故事圖格說明內容構成或運鏡方式，也可以列一些基本項目，像是拍攝進度、畫面動作說明、旁白、道具、秒數...等。

在拍攝途中忽然想到不錯的特效梗時，也可以直接在分鏡表上註明後製時需加上的效果，例如：在畫面中加入字幕，加強標題、轉場效果或是加個對話雲、音效...等。

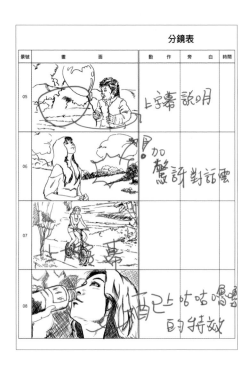

15　排演與試拍

雖然可以背腳本或看小抄，不過，初次拍攝，台詞唸起來還是會生硬不自然，一開始可以先排演幾次，並試著拍一小段內容，看看自己的表現如何，是否需要改進或是以不同方式來演譯，幾次之後就可以進入正式拍攝的階段。

16　拍攝的技巧與建議

拍攝影片時不用強求一氣呵成。剛接觸這個領域的新手們，常常會因為 "力求表現完美"、"一口氣拍攝完成" 的心理壓力，反而造成更多的失誤，拖長整個拍攝過程。

其實就算是老經驗的 YouTuber 們，也很少能一鏡到底完成拍攝，主要還是以後製剪輯來完成影片。拍攝過程中難免發生 NG，可以利用一些小技巧來標示這片段在剪輯時要刪除，像是利用打板道具，或是以拍一下手之類的方式，一來方便剪輯時確認哪些片段該刪除，二來如果有另外錄製音軌，也方便匯入後立即就能校正音軌位置。所以放膽去拍攝吧！不用擔心 NG 而過度小心翼翼。

17 拍攝影片需要的設備

手機或數位相機

近幾年的手機要拍攝 720P、1080P 的影片都不算
難事，有些較高階的機種甚至可以拍 2K、4K 的影
片，但是影片品質越高檔案愈大，會佔用更多記憶體
空間，所以要注意記憶體容量是否足夠你使用。

另外，像是中高階的數位相機或運動型攝影機，由於
鏡頭的設計不同或是可更換性的特質，拍攝品質會
優於手機，如果想朝著成為人氣 YouTuber 的目標邁
進，那中高階的數位相機是其中必要的入手設備。

三腳架、三軸穩定器

影片拍攝時建議使用腳架輔助，可以維持畫面穩定，
還能避免一再重新調整拍攝角度與遠近造成的畫面偏
差。如果是戶外走動時的拍攝，建議使用三軸穩定器
增加畫面穩定度，讓影片更加完美。

打光用燈具

如果拍攝影片的場所是自己家裡或是辦公室，由於室內燈
一般都設置於頭頂上，所以拍攝時容易造成 "頂有光，面
無光" 的狀況，可在正面放置一盞打光用的燈具，拍攝時
才能看清你本人的樣貌。常見的幾種光源例如：手持式小
型持續燈、光棒形持續燈，以及攝影棚常見的燈罩型持續
燈。哪一種效果最好需視個人的環境來搭配。

若在室外拍攝，自然光當然是最好的光源，如果剛好是拿手機拍攝又遇上天氣不好，光源不佳時，可以使用直接夾在手機上的行動打光器具，多少可以彌補光源不足的問題。

其他輔助拍攝的設備

以上提到的基礎設備，足以拍攝一部 YouTube 影片，但是如果想追求更佳品質，可以考慮添購以下設備：

▶ **外接式麥克風**：

雖然數位相機與手機都可以直接收錄聲音，但如果設備架設的位置離你或被採訪者有點遠，可能會影響收音品質，使用外接麥克風就可解決這樣的問題。

外接式麥克風種類與功能各異，是電容式的好？還是動圈式好？全指向或是心型指向好？利用網路搜尋相關文章，找到適合自己的設備。

▶ **麥克風防噴罩**：

如果你買的麥克風如右上圖是沒有保護罩或是防風罩，最好要加購防噴罩，麥克風防噴罩可以防止說話時口水噴到麥克風，還可以防止說話時的氣體直接衝擊麥克風導致 "噗噗" 的噪音，讓收音品質更佳。

▶ 實物投影機 (攝影機)：

如果走的是教學式的 YouTuber 頻道，實物投影機 (攝影機) 可以將教材投影播放至螢幕上，完全不用再另購數位相機以及腳架。另外實物投影機 (攝影機) 也可用於直播，像是實況畫畫或是組裝模型...等。

乾淨的背景或是素色布幕背景

許多知名 YouTuber 在拍攝影片時，都會佈置一個充滿個人風格的背景主題，像是書房書櫃背景、一片乾淨的牆壁或是擺設自己喜愛的公仔與海報，還有花錢設計像是立體名字的牆面或購買各式背景布。總而言之，背景也是影片中很重要的元素，要有特色但別太花俏，希望觀眾目光還是能多多停留在你分享的內容上。

剪輯影片用的電腦

雖然現在筆電或是桌機的入手價都不高，但在購買前需先跟店家詢問了解，設備本身有沒有讀卡機，可以讓你匯入在相機拍好的檔案；電腦的硬體夠不夠好，記憶體是否足夠，都會影響剪輯影片的效率；這些基本問題都要先問清楚，避免買了台 "文書機" 回家後，才後悔花了錢又無法好好剪輯影片。

YouTube 頻道建置與優化

建立自己的 YouTube 頻道，才能在 YouTube 上操作與管理
影片。本章整理了頻道建立、美化、設定，及增刪管理員與
頻道轉移…等技巧，完成頻道的初步建置，正式上線！

18 YouTube 個人頻道與品牌頻道

想在 YouTube 上傳影片、直播、留言或建立播放清單,必須先建立 "頻道"。一開始使用自己的 Google 帳號、密碼登入 YouTube 後,可以建立以 Google 帳戶名稱命名的頻道,即是所謂的 "個人頻道";另外也可建立以商家名稱或其他名稱命名的頻道,即是所謂的 "品牌頻道"。

二者差異在於:

▶ **帳戶名稱與圖片**:個人頻道使用 Google 帳戶的名稱和圖片建立,當你更改時,會一併更換 Google 帳戶名稱及圖片。品牌頻道可以建立多個,名稱與圖片均各自獨立,不會影響 Google 帳戶名稱與圖片。

▶ **頻道管理員**:個人頻道無法加入其他管理員,品牌頻道則是可以新增多個管理員幫忙經營頻道。

一般人預設以個人頻道瀏覽與上傳影片;如果想要與個人頻道有所區隔,打造品牌名稱,包裝頻道外觀如:代表圖片、橫幅、頻道資料...等,則是可以透過品牌頻道的建立,有系統的整理與經營頻道影片,創造能見度。

19 登入 YouTube 帳戶啟用個人頻道

想在 YouTube 以個人 Google 帳戶名稱上傳影片、留言或建立播放清單，
必須先啟用個人頻道。確認登入 Google 帳號後，依照如下操作完成啟用。

01 開啟 Chrome 瀏覽器連結至 Google
首頁 (https://www.google.com.tw)，
確認登入 Google 帳號後，選按 ⠿
Google 應用程式 \ **YouTube**。

02 於 YouTube 首頁選按右上角帳戶縮圖 \ **建立頻道**，歡迎畫面選按 **踏出
第一步**。初次使用，有二個建立頻道的方式可以選擇，此處選按 **使用
您的名稱** 下方的 **選取**，建立以 Google 帳戶名稱命名的頻道。(若要
以不同名稱建立頻道，可以選擇 **使用自訂名稱**，方式可參考 P3-7。)

03 建立頻道後，可以按照下方欄位輸入相關資料 (若出現空白網頁可選按網址列的 🔄 **重新載入此頁**)，或是選按 **稍後設定** 先不輸入資料快速完成頻道啟用。(畫面中的頻道說明、網站連結設定，會於後續主題中詳細說明。)

<table>
<tr><td>**20**</td><td># 建立多個品牌頻道</td></tr>
</table>

一個 YouTube 帳戶可以建立多個品牌頻道，無須另外申請一組 Google 帳號或密碼，只要透過品牌帳戶的增設新增頻道，讓你擁有各自獨立的頻道名稱及圖片，方便品牌推廣、行銷與建立線上形象。

01 於 YouTube 首頁選按右上角帳戶縮圖 \ **設定**。

02 於 **帳戶** 選按 **建立新頻道**。(若已有建立品牌帳戶，則需選按 **新增或管理您的頻道** 建立新頻道)

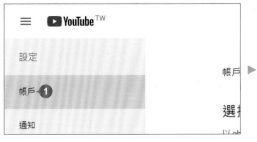

03 為品牌帳戶輸入新的名稱後，選按 **建立** 完成品牌頻道的建立，並進入品牌頻道 **首頁** 畫面。

小提示

在多個頻道間切換

如果要切換至自己管理的其他頻道，選按右上角帳戶縮圖 \ **切換帳戶**，接著選按要切換的帳戶。過程中可以隨時查看網頁右上角帳戶名稱和縮圖，確認正在使用的頻道。

小提示

登入 YouTube 帳戶直接建立品牌頻道

於 P3-3 提到，YouTube 頻道初次建立，有二個方式可以選擇，以品牌頻道為例，需選按 **使用自訂名稱** 下方的 **選取**，接著 **輸入頻道名稱**，核選 **我瞭解...**，選按 **建立**。

建立品牌頻道後，可以按照下方欄位輸入資料 (若出現空白網頁可選按網址列的 C **重新載入此頁**)，或是選按 **稍後設定** 先不輸入資料快速完成頻道建立。(畫面中的頻道說明、網站連結設定，會於後續主題中詳細說明。)

21 進入頻道設定畫面

頻道建立後，YouTuber 可以管理頻道的簡介資訊，讓觀眾快速了解頻道的走向及內容，還可以新增影片、連結，或透過分類方式歸納影片的屬性。

01 於 YouTube 首頁選按右上角帳戶縮圖 \ **切換帳戶**，於清單中選按要管理的帳戶名稱。

02 切換至要管理的頻道後，再次選按右上角帳戶縮圖 \ **你的頻道** 進入頻道畫面。

畫面中會顯示頻道名稱及圖像，有六個分頁可以預覽頻道內容及訊息，另外 **自訂頻道** 與 **管理影片** 功能可以設定頻道版面及管理影片。

- **首頁**：觀眾造訪頻道時，一開始會先看到這個畫面，並透過你自訂的版面內容或動態消息，掌握頻道近況。

- **影片**：顯示所有上傳至頻道的公開影片，可以按照熱門程度或新增日期排序。

- **播放清單**：顯示所有建立的播放清單。

- **頻道**：整理欲推薦或不錯的頻道清單。

- **討論**：如果啟用 **討論**，這裡會顯示觀眾的留言，可以在 **設 定 \ 社 群** 管理此功能 。

- **簡介**：顯示頻道的介紹文字 (長度上限為 1000 個字元)、頻道所在的國家/地區、業務諮詢的電子郵件及其他網頁連結。

- **自訂頻道**：可以自訂頻道的版面，如：頻道圖示及橫幅、加入簡介及宣傳短片...等

- **管理影片**：可以管理影片、資訊分析、留言審核及字幕記錄...等。

建立頻道個人資料相片

頻道個人資料相片代表你的頻道形象，主要出現在頻道橫幅左側、影片觀賞畫面及留言代表相片，所以需謹慎選擇合適又具辨識度的相片。

01 於頻道畫面選按 **自訂頻道**。

02 選按 **品牌宣傳** 標籤，再於 **個人資料相片** 選按 **上傳** (或 **變更**)，接著選取要使用的檔案再選按 **開啟**。

03 以滑鼠指標拖曳角落任一個控點可縮放相片範圍，之後選按 **完成** 結束編輯。

04 最後選按 **發布**，等待系統更新後即會更新到整個 YouTube 平台。(選按**瀏覽頻道** 可切換到頻道畫面檢視更新狀態)。

小提示

個人資料相片規格

不能上傳違反社群規範的相片，建議上傳 800 X 800 像素 (會顯示成 98 X 98 像素的正方形或圓形相片)，JPG、GIF、BMP 或 PNG 檔案 (不支援 GIF 動畫)，大小不能超過 4MB。

23 建立頻道橫幅

頻道橫幅顯示在頻道畫面上方，可以打造吸引觀眾目光的外觀與風格，為你的頻道營造獨樹一格的品牌形象。

01 於頻道畫面選按 **自訂頻道**。

02 選按 **品牌宣傳** 標籤，再於 **橫幅圖片** 選按 **上傳** (或 **變更**)，接著選取要使用的檔案再選按 **開啟**。

03 頻道橫幅在不同裝置上會以不同方式呈現，因此設計圖片要考量呈現效果。利用四個控點拖曳出要顯示的範圍後，選按 **完成** 結束編輯。

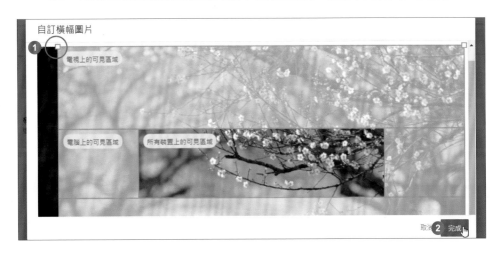

04 最後選按 **發布**，等待系統更新後即會更新到頻道上方。(選按 **瀏覽頻道** 可切換到頻道畫面檢視更新狀態)。

小提示

頻道圖片規格

為了確保在電腦、行動裝置和電視螢幕上都能呈現最佳效果，建議上傳 2048 x 1152 像素圖片，重要文字或圖示能夠安全顯示的區域則為 1235 x 338 像素，檔案大小不能超過 6MB。

修改或移除頻道個人資料相片與橫幅

頻道個人資料相片或橫幅在建立後，如果想要更換為其他相片或移除時，可以參考以下方式快速調整。

01 於頻道畫面選按 **自訂頻道**。

02 選按 **品牌宣傳** 標籤，以更改頻道個人資料相片為例，於 **個人資料相片** 選按 **變更** (若選按 **移除** 則是刪除 **個人資料相片**)，選取要更換的檔案進行調整與重新發布 (頻道橫幅操作方法相同)。

25 在頻道橫幅新增網站或社群連結圖示

透過加入網站和各個社交平台的連結圖示，讓觀眾可以快速找到你的 FB 粉絲專頁或 IG...等相關網頁。

01 於頻道畫面選按 **自訂頻道**，再選按 **基本資訊** 標籤。

02 先選按 **新增連結**，輸入 **連結名稱** 與 **網址**，依照相同操作新增其它連結，最後選按 **發布** (最多可新增五個連結，選按連結右側 🗑 可以刪除連結)。

選按 **瀏覽頻道** 回到頻道畫面，可以看到頻道橫幅右下角已經新增了自訂的連結。

設定橫幅上的連結顯示數量

如果要修改橫幅上連結的顯示數量，於頻道畫面選按 **自訂頻道** 鈕。

於 **基本資訊** 標籤 選按 **橫幅上的連結**，清單中可以設定顯示的連結數量 (最多可新增五個連結，所以設定顯示的數量，也以五個為限)。

26 建立頻道說明

詳細撰寫引人入勝的簡介，向訂閱者或觀眾說明頻道的內容主題與走向，以及品牌相關資訊。

01 於頻道畫面選按 **自訂頻道** 鈕，再選按 **基本資訊**。

02 於 **頻道說明** 欄位輸入關於自己或是頻道簡介資訊，輸入後選按 **發布**。(可以選按 **瀏覽頻道** 並切換到頻道畫面的 **簡介** 分頁檢視內容)

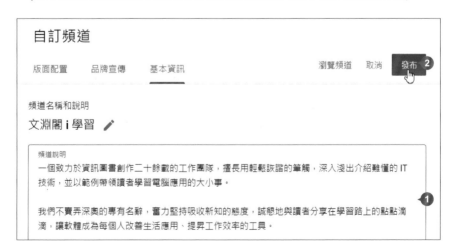

27 修改頻道名稱或說明

新增的 YouTube 品牌頻道 (可參考 P3-5)，如果想要修改頻道名稱或說明時，可以參考如下操作。

01 於頻道畫面選按 **自訂頻道** 鈕，再選按 **基本資訊**。

02 於頻道名稱右側選按 ✏️，輸入要更改的文字 (頻道說明則是於欄位直接編輯)，然後選按 **發布**。

選按 **瀏覽頻道** 回到頻道畫面，可以看到頻道名稱已更換。

小提示

YouTube 個人頻道修改頻道名稱

YouTube 個人頻道名稱與 Google 帳戶名稱為同步狀態，
注意：當你修改了 YouTube 個人頻道名稱時，會連同 Google 帳戶名稱
一起修改。修改方式為：於 YouTube 首頁，選按右上角個人頻道的帳戶
縮圖 \ **你的頻道**，於頻道畫面選按 **自訂頻道** 鈕。

接著選按 **基本資訊**，於頻道名稱右側選按 🖉，輸入要更改的名稱 ，然後選
按 **發布**。

28 刪除不需要的頻道

YouTube 頻道刪除後，所有相關的資料和記錄都會被清除，目前只能以電腦版操作才能刪除頻道。

01 於 YouTube 首頁，先確認目前這個頻道要刪除，接著選按右上角帳戶縮圖 \ 設定。

02 選按 進階設定 \ 刪除頻道。

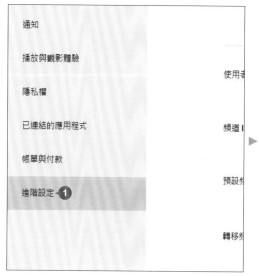

03 輸入帳戶與密碼後，選按 **繼續**。於 **我要永久刪除我的內容** 右側選按 ∨ 展開後，核選確認項目，選按 **刪除我的內容**。

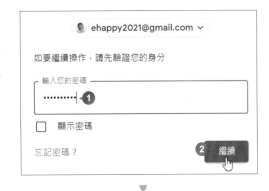

04 最後輸入你想要刪除的頻道名稱，再次確認後，選按 **刪除我的內容**，顯示正在刪除的訊息，之後選按右上角 ⊞ \ **YouTube**，即可回到 YouTube 首頁。

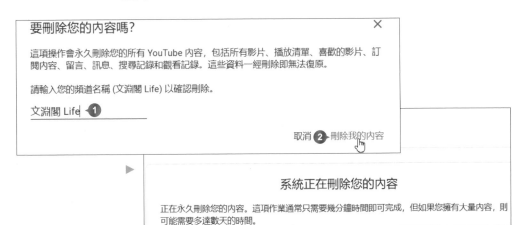

新增的品牌頻道，可以同時讓多位擁有 Google 帳戶的使用者一起管理頻道，協助你管理商家資訊、客戶評論和影片，並可為使用者指派不同角色與存取權。

01 於 YouTube 首頁選按右上角帳戶縮圖 \ **設定**。

02 於 **帳戶** 選按 **新增或移除管理員**，接著選按 **管理權限**。

03 選按 📇 再輸入要增加的使用者電子郵件，接著選按 ▾ 指派層級 (不同層級有不同存取權)，完成後選按 **邀請**，最後選按 **完成**。

04 這時受邀者會收到電子郵件，當對方選按 **接受邀請** 及 **接受**，即成為頻道管理員之一。

05 如果要移除管理員，可以於要刪除的管理者右側選按 ⊠，再選按 **移除**。

30 將個人頻道內容轉移至品牌頻道

如果你經營個人 YouTube 頻道一陣子後，累積一定數量的訂閱者或影片，之後在建立品牌頻道時，不想全部重新設定、上傳所有內容，可以透過以下方式，將你個人頻道內的頻道橫幅、訂閱者、影片...等轉移至品牌頻道中。

01 於 YouTube 首頁選按右上角個人頻道帳戶縮圖 \ **設定**。

02 於 **進階設定** 選按 **將頻道轉移至品牌帳戶**。(如果出現驗證帳號的訊息時，請依步驟完成操作)

隱私權	使用者 ID	cp0lFQx_MeZw9RB0eH5RaA
已連結的應用程式		
帳單與付款	頻道 ID	UCcp0lFQx_MeZw9RB0eH5RaA
進階設定 **1**	預設頻道	☐ 請在我登入自己的 ehappy2021@g... 設為預設頻道
	轉移頻道	將頻道轉移至品牌帳戶 **2** 您可以將...道轉移至品牌帳戶
	刪除頻道	刪除頻道

03 接著於要移至的品牌帳戶右側選按 **取代**，確認連結帳戶沒有問題後，選按 **刪除頻道**，將目前的個人頻道刪除。

即將轉移的 YouTube 頻道

這個頻道將轉移至其他帳戶。

你的頻道

李曉聿
4 位訂閱者 · 26 部影片 · 2 個播放清單

頻道 ID

UCMaHb9zRFCN4vEYiLRZEs4w　　複製

選擇要將這個頻道移至哪一個帳戶

下方只會顯示這個帳戶擁有的品牌帳戶。

文淵閣 i 學習
已連結一個 YouTube 頻道　　取代 ❶

▽

文淵閣 i 學習
」已與另一個 YouTube 頻道相連結。

如果將你的頻道轉移至「文淵閣 i 學習」帳戶，目前連結的頻道就會遭到刪除。

文淵閣 i 學習
沒有訂閱者 · 沒有影片 · 沒有播放清單

系統將永久刪除以下資料：
· 你在 YouTube 上的留言
· 你針對留言的回覆和「喜歡」
· 搜尋和觀看記錄

☑ 我瞭解並決定繼續執行這項操作

取消　　刪除頻道 ❷

04 顯示頻道在移動後，訂閱者、影片數、播放清單、頻道圖示及名稱...等資訊，確認沒有問題後選按 **轉移頻道**。(這裡要特別注意，一旦轉移了，就不能反悔囉！)

05 當回到 YouTube 首頁切換帳戶時，會發現個人頻道上面的訂閱數及影片全部清空，並已移轉到指定的品牌帳戶。

Part

4

線上影片剪輯與管理

YouTube 提供簡易的影片後製功能：影片剪輯、套用背景音
樂和字幕、資料編輯、影片縮圖、品牌浮水印、結束畫面、資
訊卡...等，藉此優化影片，增加吸引力。

31

上傳影片輕鬆分享

YouTube 支援的影片檔案格式包含 MOV、MPEG4、AVI、WMV...等。
(詳細支援格式可參考：https://support.google.com/youtube/
troubleshooter/2888402?hl=zh-Hant)。

01 先確認目前使用的頻道，再於 YouTube 首頁選按 ▣ \ **上傳影片** (有歡迎
畫面可選按 **我知道了**)，接著選按 **選取檔案**，於對話方塊選按要上傳的
檔案，再選按 **開啟**。

02 輸入影片標題及詳細資訊，待影片處理完畢後，下方可設定影片縮圖，
另外核選是否為兒童打造及僅限 18 歲年齡的限制，再選按 **下一步**。

03 選按 **下一步**，略過 **新增結束畫面** 及 **新增資訊卡** 設定 (關於結束畫面與資訊卡操作，可參考 P4-31 及 P4-35)，最後設定影片的瀏覽權限，或發布的日期與時間後，選按 **發布**。

04 影片發布成功後，選按 **關閉**，於 **內容 \ 已上傳的影片** 可以看到剛剛上傳的影片。

小提示

關於影片的隱私設定

上傳影片時設定影片隱私，包含三個選項：**私人** (只有自己可以觀看)、**不公開** (擁有影片連結的使用者都可以觀看和分享) 或 **公開** (所有人都能觀看和分享)。

32

上傳超過 15 分鐘的影片

YouTube 預設上傳的影片時間長度限制為 15 分鐘,若想上傳超過此時間長度的影片,必須完成手機驗證才能上傳時間較長的影片。

01 於 YouTube 首頁選按右上角帳戶縮圖 \ **YouTube 工作室**。

02 選按 **設定**,接著選按 **頻道 \ 功能使用資格**,於 **完成手機驗證後才能使用的功能** 右側選按 ☑ 展開後,再選按 **驗證電話號碼**。

03 於帳戶驗證畫面，選取國家/地區、核選 **透過簡訊傳送驗證碼給我**、輸入有效的行動電話號碼，再選按 **提交**，這時手機會收到驗證碼的簡訊，輸入驗證碼後再選按 **提交**，完成驗證就可以上傳長度超過 15 分鐘的影片。

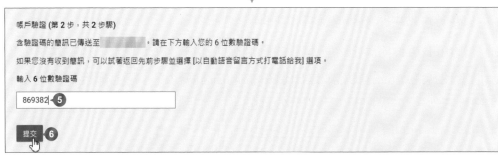

33　變更影片的標題、說明、標記⋯

影片上傳的過程中，透過標題、說明或標記⋯等資訊的建立，可以協助 YouTube 辨別影片內容，推薦到觀眾的搜尋結果中，讓他們快速找到你的影片。如果之後想要更改內容，也可以利用 **YouTube 工作室** 調整。

關於影片資訊的注意事項

▶ 好的影片標題

觀眾瀏覽影片之前，吸引他們目光的第一要素，就是 "標題"，平淡、冗長、沒有明確主題的標題無法吸引觀眾點擊觀看，所以為影片命名時，必須注意：

- 簡單明瞭，抓住要點。
- 切勿誇大不實
- 主題清楚，包含關鍵字。
- 若有系列主題需注意標題一致性

根據 YouTube 演算法，就算你的影片標題都符合以上規定，也不保證一定能擠進搜尋清單的前幾名或是出現在右側的推薦影片。搭上最近熱門話題、爭議性事件，較容易吸引觀眾，YouTube 演算法也會強化這些關鍵字，讓觀眾更容易看到。所以在命名時，也可以多參考一些熱門及推薦影片的命名方式，但注意不能使用跟影片內容無關的關鍵字，還要考慮自己的頻道屬性，否則容易造成反效果或是被檢舉。

▶ 撰寫影片說明

描述內容可以是影片的簡介或是製作心得...等，其中說明的前 50 個字會顯示在 YouTube 影片搜尋結果中，要以流暢的文字傳達重點資訊，並放入關鍵字，引起觀眾的興趣。

相關的補充資訊，如：延伸觀看的影片連結、訂閱或其他網站連結...等，可以建立在影片說明文字的三行之後，當觀眾選按 **顯示完整資訊** 可讓他們獲得有興趣的其他訊息。

▶ 加入影片標記

上傳影片時，不僅可以在說明中加入相關的主題標記文字 (#)，也可以在 **標記** 欄位建立關鍵字，並用英文逗號區隔，當觀眾輸入關鍵字搜尋特定主題影片時，更容易找到你的影片。觀眾只要選按主題標記文字或標記欄位中的關鍵字，就會出現其他更多相同關鍵字或標記的影片。

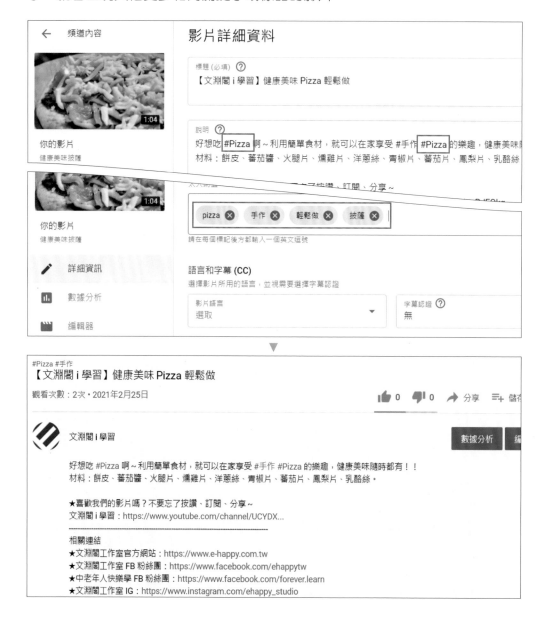

變更影片資訊

已上傳的影片資料可以用以下方式編輯：

01 於 YouTube 首頁選按右上角
帳戶縮圖＼**YouTube 工作室**。

02 於 **內容＼已上傳的影片** 清單中，選按要修改的影片縮圖。

03 於 **詳細資訊** 即可修改影片的 **標題**、**說明** ...等內容。

04 選按 **顯示更多** 可展開下方內容，設定標記、影片語言、字幕、授權、類別、留言...等內容，完成後選按 **儲存** 完成資料變更。

34 分享、下載或刪除上傳的影片

上傳的影片可以透過更多的編輯功能管理，不論要分享給親朋友好友、備份或是刪除都輕而易舉。

01 於 YouTube 首頁選按右上角帳戶縮圖 \ **YouTube 工作室**。

02 於 **內容 \ 已上傳的影片** 清單中，選按影片右側 ⋮，即可選按 **編輯影片標題和説明、取得分享連結、宣傳、下載** 與 **永久刪除** 管理影片。

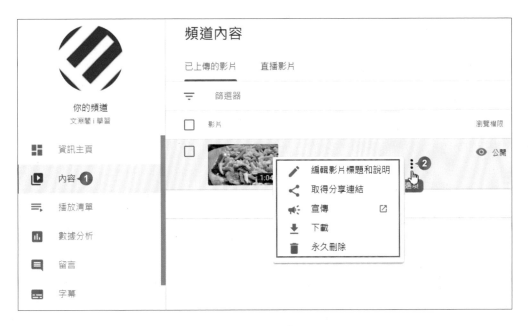

35 選擇與自訂影片縮圖

透過影片縮圖，讓觀眾在瀏覽時就可以掌握影片的大致內容。影片上傳完畢後，你可以從三個縮圖中擇一使用，也可以自行上傳。

選擇自動產生的縮圖

影片上傳時，可從 **詳細資訊 \ 縮圖** 中擇一使用；如果是已上傳的影片，可以透過影片 **詳細資訊 \ 縮圖** 中完成變更 (可參考 P4-9 進入影片 **詳細資訊** 畫面)。

自訂縮圖

如果想要自訂影片的縮圖，你的 YouTube 帳戶必須先經過手機驗證。

01 在影片上傳時，可從 **詳細資訊 \ 縮圖** 選按 **上傳縮圖**，於使用權限的訊息上選按 **驗證**。

02 於帳戶驗證畫面，選取國家/地區、核選 **透過簡訊傳送驗證碼給我**、輸入有效的行動電話號碼，再選按 **提交**，這時手機會收到驗證碼的簡訊，輸入驗證碼後再選按 **提交**，完成驗證就可以使用自訂縮圖。

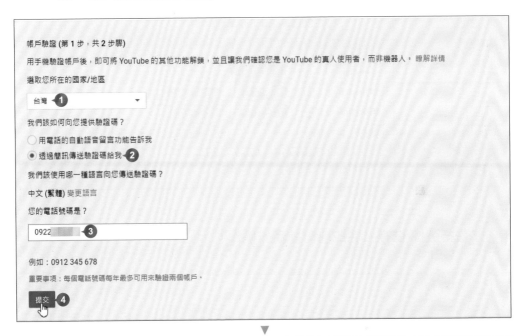

小提示

關於帳戶驗證

不論是上傳超過 15 分鐘影片 (可參考 P4-4)，或是自訂縮圖...等，只要執行過一次帳戶驗證，這些鎖定功能就會被啟用。

03 YouTube 帳戶驗證成功後，於影片 **詳細資訊** 畫面 (可參考 P4-9)，選按 **上傳縮圖**，先選按要套用的圖片 (製作參考 P6-27)，再選按 **開啟**。

04 最後選按 **儲存**，完成自訂縮圖的操作。

> **小提示**
>
> **自訂縮圖的建議規格**
>
> - 1280 x 720 像素 (寬度至少為 640 像素)
>
> - JPG、GIF、BMP 或 PNG 格式
>
> - 檔案大小 2 MB 以下
>
> - 16:9 長寬比

36 影片修剪與分割

上傳的影片會因為內容太過冗長而影響觀眾觀看的興緻，可以使用 YouTube 線上 **編輯器**，只擷取需要的內容，剪輯出合適長度的影片。

剪輯影片的開頭或結尾

01 於 YouTube 首頁選按右上角帳戶縮圖 \ **YouTube 工作室**。

02 於 **內容 \ 已上傳的影片** 清單中選按要剪輯的影片縮圖，再選按 **編輯器** (第一次使用需選按 **開始使用**)。

03 在 **編輯器** 中選按 **剪輯** 後，先將時間軸指標拖曳到旁邊，接著再拖曳調整區域左 (影片開始) 及右 (影片結束) 的藍色控制條 (藍色框線區域表示影片要保留的部分)。

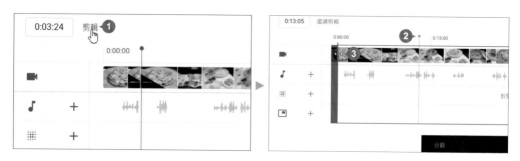

選按 **預覽** 查看編輯內容，最後選按 **儲存**。(選按 **全部清除** 或 **捨棄變更** 均可取消影片修改內容)

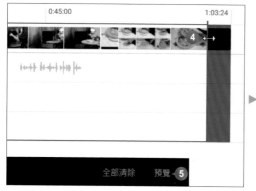 

04 在出現的對話方塊選按 **儲存** 完成影片剪輯。

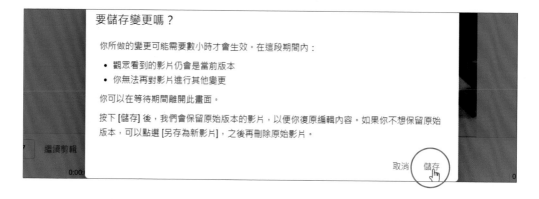

要儲存變更嗎？

你所做的變更可能需要數小時才會生效。在這段期間內：

- 觀眾看到的影片仍會是當前版本
- 你無法再對影片進行其他變更

你可以在等待期間離開此畫面。

按下 [儲存] 後，我們會保留原始版本的影片，以便你復原編輯內容。如果你不想保留原始版本，可以點選 [另存為新影片]，之後再刪除原始影片。

繼續剪輯　　　　　　　　　　　　　　　　　　　　取消　　儲存

移除影片的特定片段

01 在 **編輯器** 中選按 **剪輯** (或 **繼續剪輯**) 後，拖曳時間軸指標到要移除的片段開始處後，選按 **分割**。

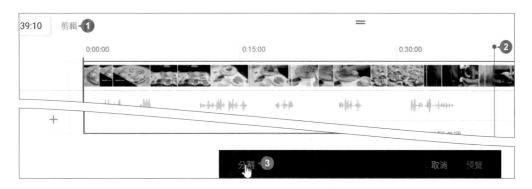

02 拖曳藍色控制條至要移除的片段結尾處，然後選按 **預覽** 再選按 ▶ 預覽影片。

03 最後選按 **儲存**，在出現的對話方塊選按 **儲存** 完成刪除影片片段。

<table>
<tr><td>37</td><td># 為影片加上字幕</td></tr>
</table>

為影片加上字幕，不僅能讓觀眾更清楚影片內容，當觀眾使用 YouTube 搜索引擎也能從字幕關鍵字找到你的影片。簡單、快速上字幕的方式除了藉助影片剪輯軟體 (可參考 P6-21)，YouTube 則為每部影片提供了 CC 字幕功能 (CLOSED CAPTION，隱藏式輔助字幕)，觀眾可依需求開啟或關閉字幕，也能讓聽障人士或外語觀眾輕鬆理解影片內容，進而吸引更多觀眾。

以下介紹為已上傳 YouTube 的影片加上字幕的二種常用方式：上傳字幕檔、手動輸入字幕。

pyTrancscriber 自動建立字幕檔與上傳

透過上傳字幕檔為 YouTube 影片加上字幕，首先就是要建立字幕檔，YouTube 支援的字幕檔案格式有：*.srt、*.sbv、*.sub、*.lrc...等，在此示範最常用的 *.srt 檔案格式。

以下介紹免費軟體 pyTransccriber，操作簡單，又可透過語音辨識產生字幕檔，讓你省去打字時間。

01 開啟瀏覽器連結到 pyTranscriber 下載網址「https://github.com/raryelcostasouza/pyTranscriber/releases」，接著捲動至頁面下方，依照系統選按欲下載的版本 (這裡選擇 Win10 免安裝版)。

02 下載 zip 檔後解壓縮，執行 <pyTranscriber.exe>。(若出現安全性警告對話方塊，選按 **執行**。)

03 先出現黑色視窗，過幾秒後再出現操作視窗，選按 **Select file(s)** 選擇欲上傳的影片，設定轉出的字幕檔儲存位置、影片口白的語系，然後選按 **Transcribe Audio/Generate Subtitles**，字幕轉出完成後會自動開啟，選按 ☒ 關閉 PyTrancscriber 軟體視窗。

04 成功匯出的檔案有二種，一種是純文字的 *.txt 字幕檔；另一種是包含時間碼的 *.srt 字幕檔，如果要為 YouTube 影片上傳字幕檔，則以包含時間碼的 *.srt 字幕檔為最佳 (*.srt 可以利用記事本開啟)。

健康美味 Pizza (已修剪).txt - 記事本
檔案(F) 編輯(E) 格式(O) 檢視(V) 說明
健康美味披薩
準備材料
餅皮塗上一層披薩醬後先灑上乳酪絲
依序鋪上食材
最後再撒上乳酪絲
烤箱預熱後以200度烘烤約6 7分鐘
底部精華表面乳酪絲融化成金黃色即完成

健康美味 Pizza (已修剪).srt - 記事本
檔案(F) 編輯(E) 格式(O) 檢視(V) 說明
1
00:00:00,768 --> 00:00:02,816
健康美味披薩

2
00:00:04,352 --> 00:00:05,632
準備材料

3
00:00:09,984 --> 00:00:14,848
餅皮塗上一層披薩醬後先灑上乳酪絲

4
00:00:17,408 --> 00:00:19,200

接下來回到 YouTube，利用 pyTransccriber 匯出的 *.srt 字幕檔上傳加入影片中。

01 於 YouTube 首頁選按右上角帳戶縮圖 \ **YouTube 工作室**。

02 先選按 **字幕**，然後於 **全部** 選按要加入字幕的影片縮圖。初次使用需設定預設語系，在此設定 **中文(台灣)**，選按 **確認**，再選按 **新增**。(在此影片預設語言是 **中文(台灣)**，也可選按 **新增語言** 加入其它國家語系的字幕。)

小提示

關於 SRT 字幕檔格式

- 每一句字幕需包含：字幕序號、時間碼、字幕文字及空白行。

- 時間碼以 "時：分：秒,毫秒" 的格式標註 (毫秒可省略)。

- 以 "-->" 區隔開始與結束時間。

- 需儲存為 *.srt 格式 UTF-8 編碼，可於 **記事本** 選按 **檔案 \ 另存為**，指定 **檔案名稱：(名稱).srt**，編碼：**UTF-8**。

03 開啟 **選取新增字幕的方式** 畫面，選按 **上傳檔案**。

04 字幕檔案類型核選 **包含時間碼**，選按 **繼續** 開啟對話方塊，選擇字幕檔案後，選按 **開啟**。

05 於字幕編輯畫面，左側是匯入的字幕與時間點，右側則是預覽畫面，選按 ▶ 可以瀏覽字幕搭配的效果。可以直接修改字幕與時間點，或是選按 🗑 刪除整行字幕、選按 ⊕ 新增字幕列。

此外也可以於時間軸，拖曳字幕方塊左右二側調整開始與結束時間。

 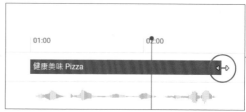

06 確認字幕與時間點無誤後，選按 **發布**。

07 字幕發布成功時，會於 **影片字幕** 畫面看到 "已發布" 文字。若想再次編修字幕，可以選按 **編輯** 進入字幕編輯畫面再次修改，或可選按 ⋮ \ **取消發布、下載、重新命名** 及 **刪除** 字幕檔。(影片加入字幕的效果需等系統處理完成後才可看到)

手動建立字幕

除了上傳字幕檔外，也可以用輸入的方式建立影片字幕。

01 依 P4-20 相同方式進入 **選取新增字幕的方式** 畫面，選按 **手動輸入**。

02 畫面中自動產生一個空白字幕行，於右側預覽畫面播放 (或暫停播放)影片並輸入字幕文字，接著可以於字幕行右側微調時間點，也可以於時間軸利用拖曳方式，調整字幕方塊的位置或是左右二側開始與結束時間。

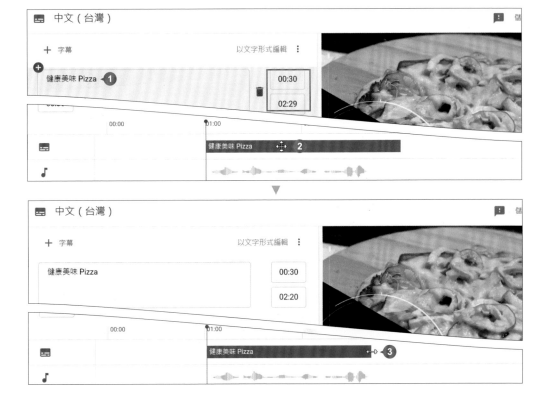

03 重覆的播放與暫停影片，或參考時間軸 **音訊** 軌上的音波，將時間軸指標拖曳至要增加字幕的時間點，選按 ⊞ **字幕** 新增字幕行，輸入字幕文字後，調整至合適的時間點。

04 重複步驟 3 完成其他字幕佈置，如果要在已建立的字幕行上或下方插入字幕行，可選按該字幕行左上角或左下角的 ⊕ 新增字幕行，最後選按 **發布** 完成字幕製作。

小提示

開啟(或關閉)影片字幕與自動翻譯的方法

前往影片觀賞的畫面，如果該部影片支援字幕功能，就會顯示 🔲，選按 🔲 會開啟字幕，再選按 🔲 即會關閉字幕。

在影片開啟字幕的狀態下，選按 ⚙ \ **字幕** \ **自動翻譯**，清單中選按想要翻譯的語言後，影片中的字幕會變更為指定的語言字幕。

章節設定！讓觀眾跳至想看的影片段落

YouTube 上傳的影片，可以新增 "章節"，將影片分成多個段落，不僅方便觀眾快速抓到影片重點，還可以依照想看的內容，選擇不同的影片段落，更可以增加 Google 關鍵字被搜尋的機會。。

01 於 YouTube 首頁選按右上角帳戶縮圖 \ **YouTube 工作室**。

02 於 **內容 \ 已上傳的影片** 清單中選按要設定章節的影片縮圖。

03 於 **影片詳細資料 \ 說明** 中列出時間戳記和標題，若要確保影片章節功能正常運作，有幾個重點需注意：

- 第一個時間戳記的開始時間必須為 00:00。

- 影片至少要分為三個段落，並按先後順序列出。

- 每個段落不得小於 10 秒。

章節資料輸入完後，選按 **儲存**，再選按 **在YouTube 上觀看**。

04 在影片觀賞畫面下方的資訊中，觀眾可以選按時間戳記，就會直接跳到相關的影片段落；另外影片進度列上也會看到多個段落，當你將滑鼠指標移到該段落時，會放大並於上方顯示段落標題與縮圖。

39 新增背景音樂

上傳的影片沒有配樂似乎有些單調，即使不懂編曲也沒關係，YouTube 提供了許多免費的背景音樂，讓你挑選合適的音樂套用。

01 於 YouTube 首頁選按右上角帳戶縮圖 \ **YouTube 工作室**。

02 於 **內容 \ 已上傳的影片** 清單中，選按要套用背景音樂的影片縮圖，再選按 **編輯器**，於 🎵 選按 ➕。

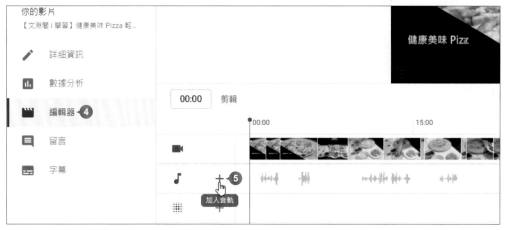

03 選按曲目左側 試聽，再於合適的音樂選按 **新增**，最後選按二次 **儲存**完成套用背景音樂 (選按音軌右側的 ⊞ **調整混音比例**，拖曳 **混音比例**，可調整影片中口白與背景音樂相互搭配的音量)。

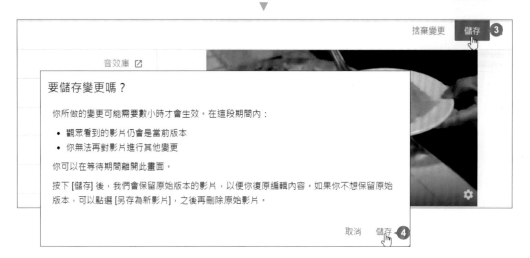

小提示

自訂音樂的位置與長度

新增的音軌會出現在播放器下方，選按音軌後，拖曳左右二側可以修剪音訊的時間長度，拖曳音訊可變更播放時間點。

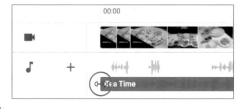

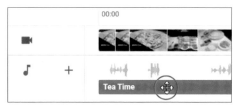

40 新增 "訂閱我" 的品牌浮水印

透過 YouTube 的 **品牌浮水印** 功能，為你頻道中的所有影片右下角加上專屬 Logo 或圖形，不僅可以加強品牌形象，觀眾在觀賞影片時，也可以隨時選按這個浮水印訂閱你的頻道。

01 於 YouTube 首頁，選按右上角帳戶縮圖 \ **YouTube 工作室**。

02 選按 **自訂**，接著選按 **品牌宣傳**，再於 **影片浮水印** 選按 **上傳**。

03 於對話方塊中選按要插入的圖片 (可使用 PNG 或 GIF 檔案格式，製作可參考 P6-37)，再選按 **開啟**。

04 上傳完成後可以預覽圖像，確認後選按 **完成**，最後設定浮水印的 **顯示時間 (影片結尾、自訂開始時間、整部影片)**，再選按 **發布**。

05 觀眾只要將滑鼠指標移到影片右下角的浮水印，選按 **訂閱** 就能直接訂閱頻道。

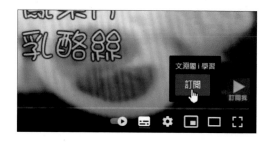

41 製作增加點閱率的影片結束畫面

結束畫面可以添加頻道訂閱、下一部影片或自訂連結，藉此發揮廣告效益，建立忠實收視群。

01 於 YouTube 首頁，選按右上角帳戶縮圖 \ **YouTube 工作室**。

02 於 **內容 \ 已上傳的影片** 選按要製作結束畫面的影片縮圖後 (片長要超過 25 秒)，選按 **編輯器** 與 ⊕ **新增元素 \ 套用範本**。

03 選按合適範本後，於 **編輯器** 預覽窗格選按第一個影片元素，再於左側核選 **選擇特定影片**，接著選按一部自己或 YouTube 上的影片。

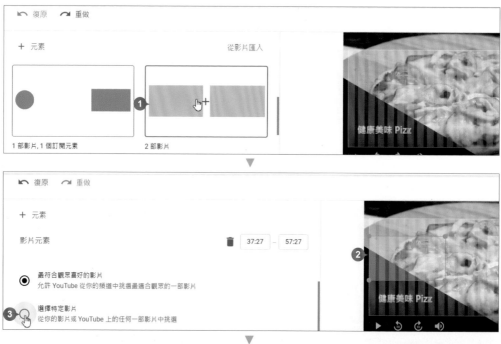

04 以相同操作方式設定另一個影片元素，完成後可以使用滑鼠拖曳調整
影片元素位置與大小。

05 於下方時間軸影片元素出現的時間點上，將滑鼠指標移至開始或結束
時間上呈雙箭頭狀時，可調整該影片元素的時間長度。

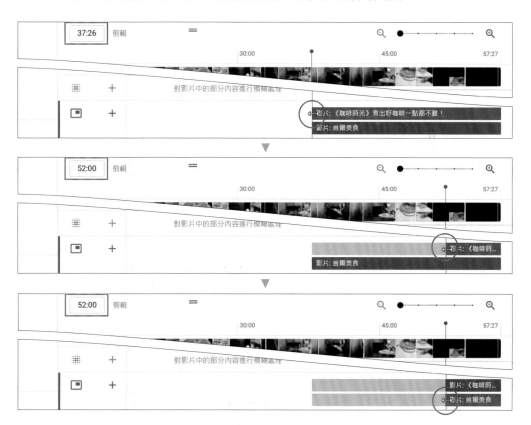

06 除了利用拖曳調整時間點外，也可以在選按影片元素後，於預覽窗格左側的時間欄位輸入要變更的開始與結束時間，最後選按 **儲存**，完成結束畫面製作。

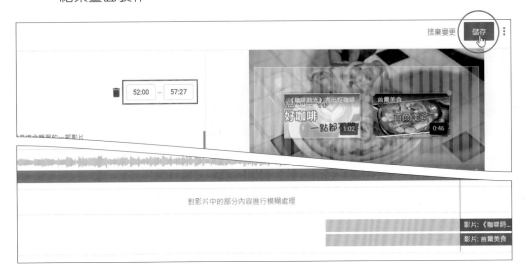

07 回到影片觀賞畫面，以這個範例影片來說，當播放至 0:52 就會出現二部影片連結的結束畫面，供觀眾選按。

42 善用資訊卡宣傳影片、商品或網站

透過頻道、連結、影片...等不同類型的資訊卡，增進與觀眾間的互動關係，有效增加網站、其他影片的曝光機會。

01 於 YouTube 首頁，選按右上角帳戶縮圖 \ **YouTube 工作室**。

02 於 **內容 \ 已上傳的影片** 清單中選按要新增資訊卡的影片縮圖後，於影片詳細資料右下角選按 **資訊卡**。

03 於 **資訊卡** 選按合適的資訊卡類型 (此例選按 **影片**)，再選按要連結的影片。

04 **影片資訊卡** 下方 **自訂訊息**、**前導廣告文字** 欄位可以補充相關資訊，接著拖曳調整資訊卡顯示的時間點，最後選按 **儲存**。當影片播放時，在指定的時間點畫面右上角會顯示 ⓘ，觀眾選按即可看到相關影片資訊。

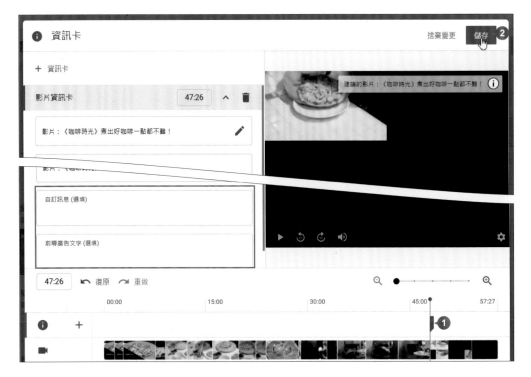

如果你的影片經 Content ID 辨識出含有版權內容，而且相關內容擁有者已設定廣告活動，你的影片就不會顯示資訊卡。

43 留言的設定與管理

想要強化與觀眾間的互動,可以開啟留言功能,增加彼此的交流與親切感。合理的建議或批評,可以當作正面的成長動力;但遇到胡鬧的酸民,看看就算了,別放在心裡。

留言設定

01 於 YouTube 首頁選按右上角帳戶縮圖 \ **YouTube 工作室**,選按 **設定**。

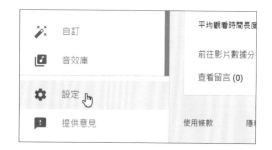

02 選按 **上傳預設設定 \ 進階設定**,於 留言 清單中選按合適的留言顯示狀態 (影片上傳時留言預設:**疑似含有不當內容...**),最後選按 **儲存**。

查看、管理或刪除留言

01 於 **內容 \ 已上傳的影片** 清單中選按要管理留言的影片縮圖。

02 於 **留言** 可以切換到該影片的留言記錄畫面，你可以回覆留言，或是選按 👍、👎、❤ 表達心情。

03 若選按觀眾留言的 ⋮，可以選按 **置頂、移除、檢舉**...等功能；若選按自己留言的 ⋮，可選按 **編輯** 與 **刪除**。

44　為頻道建立播放清單

不論是吃吃喝喝的美食推薦、充滿力與美的運動片段…等各種不同性質的影片，都可以透過播放清單有效率的整理與歸納。

01 於 YouTube 首頁，選按右上角帳戶縮圖 \ **YouTube 工作室**。

02 選按 **播放清單**，接著選按 **新增播放清單**。

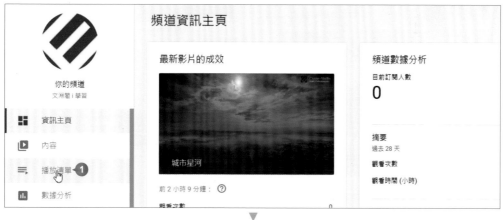

03 輸入 **播放清單標題** 後，選按 **建立**，接著選按播放清單縮圖。

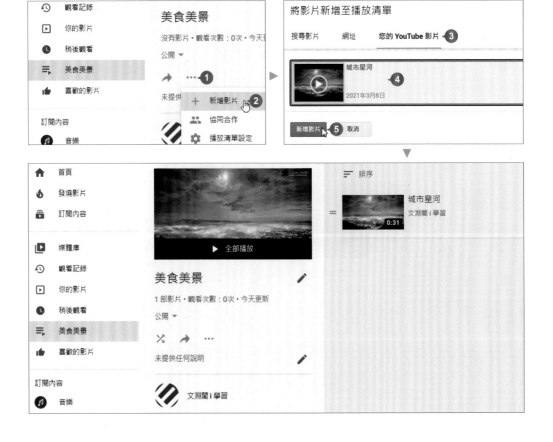

04 於播放清單畫面選按 ⋯ \ **新增影片**，再於 **您的 YouTube 影片** 挑選符合播放清單的影片 (可多選)，最後選按 **新增影片** 就完成建立播放清單。

45 管理播放清單

建立播放清單後，透過修改名稱、影片順序、移除或刪除、設定縮圖...等操作，讓播放清單的名稱與內容更吸引人觀看！

01 於 YouTube 首頁，選按右上角帳戶縮圖＼**YouTube 工作室**。

02 選按 **播放清單**，選按要編輯的播放清單縮圖右側 ✎ 進入編輯畫面。

修改播放清單標題名稱

於播放清單編輯畫面，選按 ✏️，再輸入要修改的標題名稱後，選按 **儲存**。

調整播放清單中的影片播放順序

於播放清單編輯畫面，將滑鼠指標移到影片左側 ☰ 呈手指狀，按住滑鼠左鍵不放即可往上或往下拖曳變更影片播放順序。

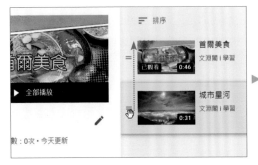 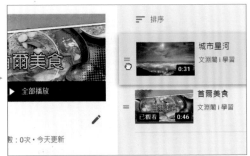

或是選按影片右側 ⋮ \ **移至頂端** 或 **移至底部** 快速搬移。

移除播放清單中的影片或刪除播放清單

移除清單中的指定影片：於播放清單編輯畫面，選按影片右側 ⋮ \ 從「***」中移除 可將該則影片從此播放清單中移除。

刪除整個播放清單：於播放清單標題下方，選按 ⋯ \ **刪除播放清單**，再選按 **刪除** 即可刪除整個播放清單。

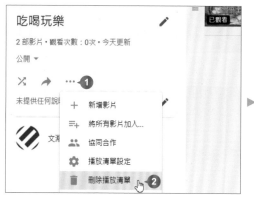

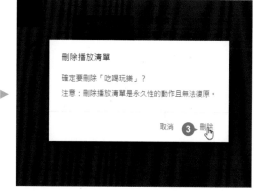

設定播放清單縮圖

於播放清單編輯畫面，於要設定為縮圖的影片右側，選按 ⋮ \ **設為播放清單縮圖**，可將此影片縮圖設為播放清單縮圖。

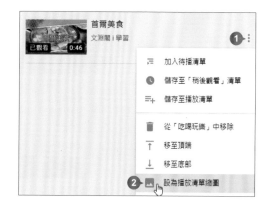

新增頻道版面

頻道首頁可以自訂版面類型,透過有系統的陳列,先吸引觀眾目光,再根據喜好或需求,讓他們可以快速找到要觀賞的影片,增加停留時間。

01 於 YouTube 首頁,選按右上角帳戶縮圖 \ **YouTube 工作室**。

02 於 **自訂 \ 版面配置** 最下方選按 **新增版面**,清單中選按合適版面類型 (在此選按 **熱門上傳影片**)。

重覆以上步驟，可新增多個版面 (最多 10 個)。

03 新增完成後，選按 **發布**，待系統更新後回到頻道首頁，即可看到自訂內容。

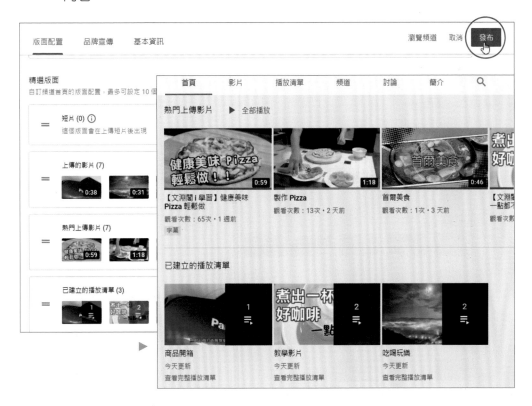

管理頻道版面

▶ **移動版面**：將滑鼠指標移到要移動的版面左側 ☰ 呈手指狀，按住滑鼠左鍵不放即可往上或往下拖曳調整版面的前後順序，最後選按 **發布**。

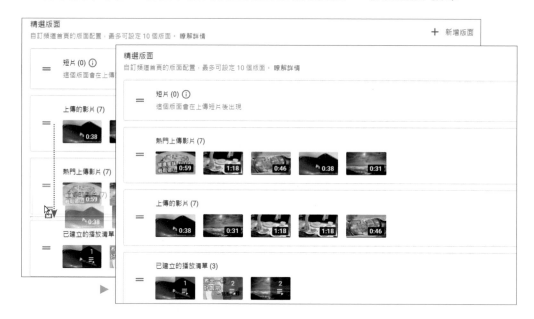

▶ **刪除版面**：將滑鼠指標移到要刪除的版面上，選按右側 ⋮ \ **移除版面**，最後選按 **發布**。

47 YouTube 首播

YouTube 首播功能會建立一個活動頁面並通知訂閱的粉絲，提升新影片曝光率，同時會有聊天室功能，讓創作者可以與粉絲即時互動。

01 先確認已切換至要使用的頻道，再於 YouTube 首頁選按 ▣ \ **上傳影片** (如果有歡迎畫面可選按 **我知道了**)，接著選按 **選取檔案**，於對話方塊選按要上傳的檔案，再選按 **開啟**。

02 輸入影片詳細資訊、設定影片縮圖...等設定後，選按 **下一步**，再依需求設定影片元素後，選按 **下一步**。

03 在 **瀏覽權限** 頁面，核選 **安排時間**，接著設定首播時間後，核選 **設為首播**，再選按 **安排時間** 就完成首播設定。

04 完成設定後，你可以把畫面中的影片連結分享到各平台加強推廣，選按 **關閉** 回到影片清單中就可看到影片的狀態為 **首播**。

在首播活動開始前的 30 分鐘左右，YouTube 會通知已啟用通知功能的粉絲，粉絲就能在開播前就進入頁面，也會顯示目前有多少人一同在線上等待，你也可以在首播之前就開始在右側留言版與大家互動。

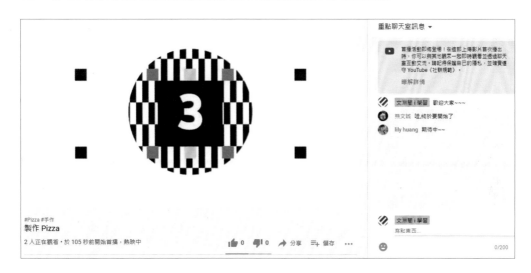

首播的好處是可以增加互動與曝光率，粉絲也可以在首播時使用超級留言、貼圖..等功能。因此建議影片時間不要太短且內容要具有討論度與話題性，這樣才能達到這個功能的目的。以下幾點在設定首播前要了解：

▶ **詢問粉絲安排首播時間**：決定影片首播的時間前，最好先詢問粉絲，再根據大家的留言決定合適的時間點或題目，營造粉絲期待的心情。

▶ **安撫、炒熱等待的情緒**：在首播活動開始前，會有 30 分鐘、2 分鐘、1 分鐘的通知，如果影片標題粉絲不喜歡或沒興趣，都可能造成粉絲退訂或是留下負面言論。所以除了前期的預告，在首播前與首播期間都應該與粉絲們多聊天多互動，才可以達到更好的效果。

▶ **不要大量使用首播功能**：由於首播通知只針對有訂閱且開啟小鈴噹的粉絲，因此影片的流量與觀看率有可能會低於一般上架的新影片，導致降低 YouTube 推廣此影片的機會。所以除非有特別的賣點或宣傳可以吸引粉絲 "專程等待"，否則大量使用首播功能可能對影片的流量造成反效果。

48 為影片設定目標觀眾與年齡限制

「為兒童打造」的影片

當兒童為影片的目標觀眾群,或是影
片內容符合兒童教育,其中具有吸引
兒童的角色...等,可以將影片設定為
「為兒童打造」。

> 目標觀眾
> 這部影片已設定成「為兒童打造」 由您設定
> 無論你位於什麼地區,都必須依法遵守《兒童網路隱私保護法》(COPPA) 和/或
> 標示,說明是否屬於為兒童打造的內容,什麼是為兒童打造的內容?
>
> ⓘ 為兒童打造的影片無法使用個人化廣告和通知等功能。如果將影片設成「為兒
>   看的影片時,系統就比較有可能會推薦你的影片。瞭解詳情
>
> ⦿ 是,這是為兒童打造的影片
> ○ 否,這不是為兒童打造的影片

於 **YouTube** 工作室 選按 **內容 \ 已
上傳的影片**,清單中選按要設定的影片縮圖,於 **目標觀眾** 核選 **是,這是為
兒童打造的影片**,選按 **儲存** 完成變更。

為了保障兒童隱私權並符合法律要求,針對含有「為兒童打造」標示的
影片,會限制其資料收集和部分功能,如:首頁中自動播放影片、資訊
卡...等。

為影片增設觀看年齡限制

如果影片內容不適合未滿 18 歲的觀
眾,或是內含暴力、裸露、性暗示、
危險活動...等元素時,可以將影片增
設「年齡限制」。

> ∧ 年齡限制 (進階)
>
> 是否要將影片設定為僅限成人觀眾收看?
> 設有年齡限制的影片不會顯示在 YouTube 的特定版面中,此外,這類影片可能
> 利。瞭解詳情
>
> ⦿ 是,將影片設成僅限年滿 18 歲的觀眾收看
> ○ 否,不要將影片設成僅限年滿 18 歲的觀眾收看

於 **YouTube** 工作室 選按 **內容 \ 已上傳的影片**,清單中選按要設定的影片縮
圖,然後於 **年齡限制** 核選 **是,將影片設成僅限年滿 18 歲的觀眾收看**,選
按 **儲存** 完成資料變更。

有年齡限制的影片,原則上未滿 18 歲或未登入 YouTube 的使用者無法觀
看,此外在大多數第三方網站上皆無法播放。如果影片的用途要當做廣告,
請勿設定年齡限制,否則廣告可能會永久遭到拒登。

用直播提升粉絲熱度

直播就像電視台 LIVE 節目一樣，只是觀眾都不在面前，但透過用心準備的內容，還是能讓觀眾感受到你的熱情。在 YouTube 直播前、中、後需要準備什麼？了解什麼？注意什麼？都會一一說明，讓你第一次直播就上手。

49 規劃直播內容

有別於拍攝影片時可以 NG 重來，YouTube 直播是直接將你當下的表現串流至 YouTube 平台，與觀眾的互動也是即時的，所以直播前建議要先思考以下幾點：

事先規劃與即興發揮

雖然說直播好像只要站在鏡頭前說說話，不過真的要你在鏡頭前自言自語半小時，相信很多人都沒辦法做到。所以直播前更要事先設定好此次直播目標、擬定內容大綱，或要傳達給觀眾的關鍵訊息。

依據事先擬定好的內容控制直播節奏，不一定要照本宣科，有時可以搭配時事變化一下，或是從聊天室中挑選具有話題性的訊息跟觀眾互動，直播現場的精彩與否，就端看你事前規劃的內容與臨場反應。

讓觀眾駐足你的頻道

"待會兒邀請一位神秘的嘉賓一同加入我們的直播現場！"、"我們將在直播影片結束前，提出 3 個有關今天直播內容的問題，歡迎各位觀眾在結束後的影片下方留言，會隨機抽出 3 位觀眾，送出今天開箱的禮物"...類似這樣不定期的預告或是活動，可以增加觀眾的期待，讓他們停留在你頻道更久的時間，這些觀眾們就會變成你的潛在訂閱者。

YouTube 直播方式

大致分為以下二種方式：

	行動直播	定點直播
適合	隨時隨地直播	適合室內直播
節目規劃型態	美食、景點介紹及其他室外活動...等。	產品開箱、談話性內容...等適合室內拍攝的型態。
設定複雜度	快速、簡單	需佈置場地及其他輔助拍攝的設備
最低設備需求	搭載攝影鏡頭行動裝置	配備網路攝影機的電腦及其他輔助拍攝的設備
使用方式	只要於行動裝置 YouTube App 上輕觸設定，就能輕鬆開始直播。	於 YouTube 網頁上設定好，就能輕鬆使用電腦直播，也可以搭配其他的串流軟體。

行動直播相關設備

手機或平板都可以用來當成直播工具，只要具備行動數據或是 Wi-Fi 功能，連上網路後就可以操作。(如果使用行動數據時，需注意網路是否為吃到飽，避免網路用量過多被斷線。)

另外如果有額外的打光設備、收音麥克風、自拍棒或是三軸穩定器…等，都可以加強直播影片的品質。

定點直播相關設備與佈置

定點直播選擇性比較多，使用腳架固定拍攝位置，手機架上去後就可以直播了。如果想要呈現高品質的直播效果，建議使用畫質較好的 Webcam、數位相機或是 GoPro 這種高階相機，另外再搭配固定攝影機的腳架、收音用麥克風、打光器具…等來拍攝。

準備好設備後，可參考以下圖例佈置小型的直播攝影棚：

二側設置打光燈具會讓受光面較平均。(或是一具燈光由正面投射)

收音麥克風與電腦連接，直播前要先確認收音清楚，並調好音量。

如果要與觀眾即時互動，可設置一平板，方便檢視與回應聊天訊息，平板最好能立起在眼睛平視的角度，才不會讓觀眾一直看到你低頭。

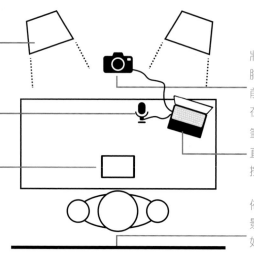

將拍攝相機架固定三腳架上，置於自己正前方並確認清楚對焦在主角臉上。

筆電或主機主控所有直播的設定，也可監控整個直播過程。

佈置乾淨或素色的背景，讓被拍攝者有較好的視覺效果。

51 直播前需了解的技術問題

以行動裝置直播前，以下有幾點技術問題需要注意：

▶ 搭載 Android 5.0 (或 iOS 8) 以上版本的裝置。

▶ 確認網路連線順暢，並盡量留在訊號良好的地方，根據 YouTube 說明每分鐘直播會用掉約 10MB 的數據流量，但實際的使用流量會因為影片品質而有不同。

▶ 將行動裝置充飽電，每直播一分鐘大約會用掉 1% 的電力 (視行動裝置電池使用狀況而有所不同)，可以多準備一些行動電源隨時支援電力。

▶ 將行動裝置設為 "勿擾" 模式，避免五花八門的訊息通知或電話干擾。

▶ 如果要以橫式畫面直播，記得要將螢幕旋轉鎖定關閉，再轉為橫式畫面。

52 宣傳你的直播活動

想要提高直播成效，吸引更多觀眾，需要仰賴直播前的宣傳、過程中的互動及直播後的延續性行銷，以下宣傳手法可供參考：

直播之前

透過發文或宣傳短片的方式，預告直播的時間、日期、主題，並在直播開始前至少 48 小時將直播連結分享出去。另外可利用 YouTube 預先排好直播活動，建立完整的標題、說明及縮圖，讓觀眾更容易搜尋到你的直播活動。

直播期間

根據直播性質，規劃像是投票、抽獎、互動遊戲或是問與答...等，與觀眾即時互動，提高觀眾黏著度。另外搭配媒體擴大宣傳的效果，不僅訂閱者會收到通知或看到你的直播影片；即使尚未訂閱的潛在觀眾，也可以督促他們觀看直播時訂閱，並選按接獲通知的小鈴噹  。

直播之後

YouTube 會自動將你的直播儲存起來成為頻道中的影片，這樣即使沒有跟到直播的觀眾也可以搜尋及觀看。另外剪輯直播影片，整理出精華片段，透過其他社群平台的分享將直播影片的效益繼續延長，達到再次宣傳的目的。

53 直播成功的秘訣

直播不像影片錄製完還可以後製，想讓一場直播完美的呈現，以下有幾個重點需注意！

以不公開方式直播測試

準備好必要設備後，先開啟一場不公開的直播測試，看看拍攝畫面的燈光效果、人拍起來會不會太暗、收音效果好不好...等，確保一切都正常。

嘗試不同的拍攝手法

大部分的 YouTuber 都會朝正面拍攝，這是較安全的拍攝手法，但也有人會像新聞台主播一樣，嘗試偏左或偏右位置，讓空白處的畫面可以透過字幕、特效…等不同的子母畫面效果，呈現更吸睛的風格或主題畫面。另外善用腳架固定攝影機讓畫面穩定不晃動，注意別讓設備的連接線或是其他不必要的物品擋到鏡頭。

測試音效

不管是戶外或室內拍攝，收音是很重要的事。在戶外時，麥克風有沒有防風罩？附近有沒有工程噪音？車流聲會不會大過你的聲音？這些都必須注意；在室內的話，麥克風有沒有架穩？架設的位置會不會離你太遠或太近？房間裡電器發出的聲音會不會影響收音？這些都可以事先測試調整，使用合適的麥克風並調整到最佳狀態以確保直播的過程流暢。

穩定的網路訊號及速度

擁有良好的行動數據或 Wi-Fi 網路訊號才能保持最好的直播品質。在戶外拍攝要有穩定的訊號及網路吃到飽方案；在室內拍攝，雖然無線 Wi-Fi 很方便，但還是建議使用乙太網路傳輸線連上網路會更加穩定。

54 行動裝置直播

前置工作準備妥當後就可以開始直播,以下將介紹二種使用行動裝置直播的方式 (YouTube 頻道需要驗證電話號碼後才能直播,操作可參考 P4-4)。

使用官方 App 直播

頻道訂閱人數必須超過 1000 人才可以使用 **YouTube** App 直播,如果你符合此項規定,可依下列說明操作:

在行動裝置上開啟 **YouTube** App,主畫面下方中間點選 ⊕,點選 **進行直播** 後再依序輸入標題、說明...等設定,並進行直播。

使用外部 App 直播

對於 YouTuber 的新手們來說,要達成 1000 位訂閱人數實在是有點困難,接下來介紹的 **Streamlabs:Live Streaming** App,就算沒有達到規定的訂閱人數,依然可以使用行動裝置於 YouTube App 直播,可依下列說明方式操作:

01 安裝 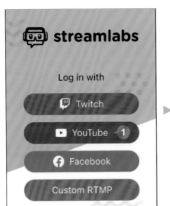 **streamlabs**，開啟後點選 **YouTube**，分別輸入 YouTube 帳號與密碼，過程中點選 **繼續** 切換畫面。(過程中若有安全性確認，請依指示完成。)

02 點選欲直播的帳戶，確認存取的帳戶無誤後，點選 **允許**，這裡要示範使用行動裝置鏡頭拍攝，請點選 **Stream yourself**。

03 點選 **Enable camera**，再點選 **使用應用程式時**，允許直播時使用鏡頭權限。(iOS 裝置點選 **好**)

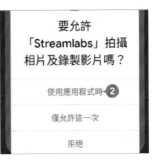

04 其他隱私權設定：點選 **Enable microphone**，點選 **使用應用程式時**，接著於畫面右下角點選二次 **Next** 跳過歡迎畫面，核選 **Youtube**，再點選 **OK**，最後點選 **Skip** 略過即完成登入。(或點選 **好**，再依需求設定隱私及通知，或是直接點選 **Not now** 略過。)

  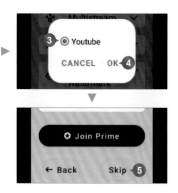

進入直播畫面後，於畫面下方有幾個主要的控制項目：

⬛ **Chat**：直播聊天室的留言訊息，點一下開啟或是關閉。

⬛ **Mute Audio**：麥克風開關，點一下 ⬛ 開啟或是 ⬛ 關閉。

⬛ **Flip camera**：翻轉鏡頭，點一下切換為自拍模式或一般拍攝模式。

⬛ **Event list**：事件列表，記錄直播中的活動。

05 設定好基本項目後，就可以開始直播。先點選 **GO LIVE**，再點選 **Select a platform \ YouTube**，接著點選 **Next**，核選 **Create event**，點選 **Next**。(或點選 **Select a platform \ YouTube \ Create event**)

  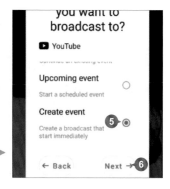

06 點選 **Stream title** 輸入直播影片標題，再點選 **Description (optional)** 輸入影片的說明內容 (iOS 裝置還可設定影片公開權限：Public (公開)、Private (私人的)、Unlisted (不公開))，點選 **GO LIVE** 即開始直播；直播過程中畫面上方會顯示目前直播時間與幀數，如果有開啟聊天室文字訊息，則會在畫面左下角顯示。

07 直播中如果要修改影片標題內容、影片說明，或是變更影片觀看權限及類別，只要於時間資訊上點一下展開，再點 **UPDATE EVENT INFO** 即可開啟標題及說明、權限...等設定欄位，完成編輯後再點選 **DONE**。(iOS 裝置無法於直播過程中修改)

最後要結束直播，只要於畫面下方點選 **STOP**，再核選 **End YouTube Live session**，點選 **STOP** 即可結束直播。(或點選 **Stop**、**finish** 結束)

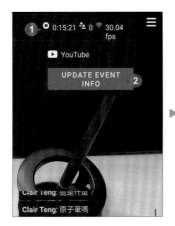  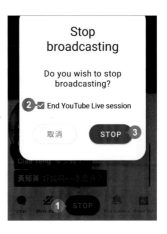

55 網路攝影機直播

在電腦上使用網路攝影機直播的方式可參考以下說明。(YouTube 頻道需要驗證電話號碼後才能直播,操作可參考 P4-4。)

01 於 YouTube 首頁選按 ▣ \ **進行直播**。

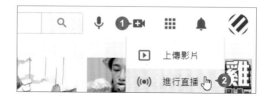

02 初次使用會出現歡迎畫面,選按 **踏出第一步**,接著會出現詢問的對話方塊,連按二次 **開始**。

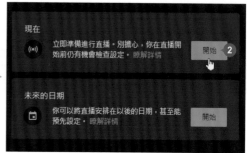

03 接著要求設備的使用權限,選按 **允許**,開始輸入影片標題及設定影片公開權限。

04 依直播內容確認是否為 "不是為兒童打造的影片"，在此核選 **否，這不是為兒童打造的影片**，選按 **其他選項**，輸入影片的說明及設定影片類型，確認設備是否無誤，選按 **進階設定**。

05 可設定是否開啟 **允許即時留言** 或標示影片含有付費宣傳內容，沒問題後，選按 ← 回到上一頁，再選按 **繼續** 會進入拍攝縮圖的畫面。

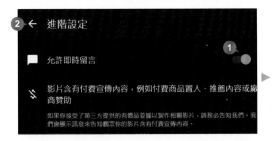

06 如果想用已製作好的縮圖取代，等畫面倒數完畢後，將滑鼠指標移至縮圖照片上方，選按 **上傳自訂縮圖** 開啟對話方塊，選擇合適的圖檔，選按 **開啟**。

07 完成以上相關設定後，選按
進行直播。(如果要即時分享
在其他社群平台，可先選按
分享，再選按該社群平台圖示
並登入。)

08 直播過程的畫面如下，右側欄位為聊天室內容，下方為直播的基本操作項目與設定。

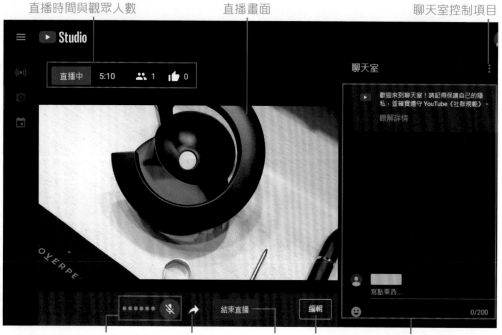

09 如果要結束直播，於畫面下方選按 **結束直播**，再選按 **結束**，接著會顯示此次直播的數據記錄，選按 **關閉** 回到直播管理畫面。

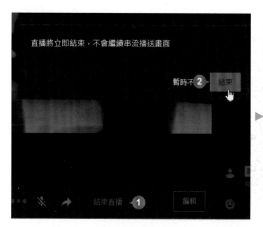

待影片串流完成處理，於 **YouTube 工作室** 的 **內容 \ 直播影片** 標籤中會產生一部 YouTube 直播影片。

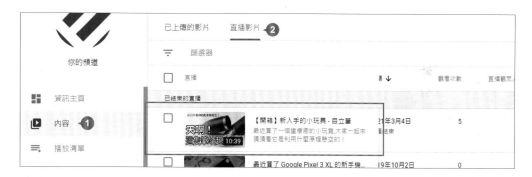

小提示

直播結束後的數據統計

每次直播結束後，會統計 **播放次數**、**最多同時線上觀眾人數**、**新訂閱人數**...等數據，讓你能立即得知當次直播的成績，如果想查詢更詳細的數據內容，可進入 **YouTube 工作室**，選按 **內容 \ 直播影片**，選按該直播影片後，再選按 **數據分析** 即可查到更多的項目。

56 關於直播串流工具 (編碼器)

一些知名的 YouTuber 在直播
時，畫面中可同時看到聊天訊
息、YouTuber 的自拍或是遊戲畫
面...等，這是利用串流軟體 (又稱編
碼器) 將所有資料來源整合後，再上
傳至 YouTube。知名的免費串流軟
體 OBS Studio (Open Broadcaster
Software) 是許多 YouTuber 都會使
用的工具之一。

串流軟體的運作說明如下：

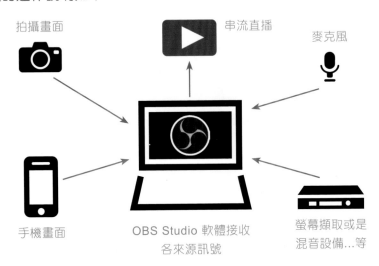

拍攝畫面　　　　　　　串流直播　　　　麥克風

手機畫面　　OBS Studio 軟體接收　　螢幕擷取或是
　　　　　　　各來源訊號　　　　　混音設備...等

另外還有其他 YouTube 直播認證標準的軟體或平台，詳細內容可參考
「https://support.google.com/youtube/answer/2907883」查看及了解。

57 利用 OBS 整合直播訊號來源

OBS 是許多直播實況主會使用的工具，它能同時從電腦、攝影機、麥克風...等不同來源擷取訊號內容，還能套用特效，整合後再上傳到 YouTube 直播系統中，讓直播畫面不會過於單調。

在此示範電腦上使用串流軟體直播的方式可參考以下說明。(YouTube 頻道需要驗證電話號碼後才能直播，操作可參考 P4-4。)

安裝並啟動 OBS

開啟瀏覽器，於網址列輸入「https://obsproject.com/」連結至 OBS Studio 官網，依電腦系統選擇合適的版本下載並安裝，如果出現 **自動設定精靈** 視窗，選按 **取消** 略過即可。以下為主畫面功能介紹：

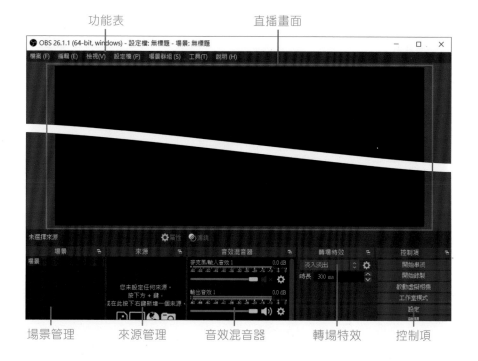

佈置直播場景

在此示範直播電腦軟體視窗畫面(若要同時佈置自拍畫面,可參考 P5-28 說明):

01 先開啟要直播擷取的軟體 (要被擷取的視窗不可最小化) 再進入 OBS,於 **來源** 下方選按 ➕ **新增 \ 視窗擷取** 開啟對話方塊,核選 **建立新來源** 並輸入名稱,選按 **確定**。

02 於 **視窗** 清單中選按欲擷取的視窗名稱,**擷取方式** 及 **視窗匹配優先度** 維持預設設定,選按 **確定** 完成。

03 接著要在畫面中加上文字，一樣於 **來源** 下方選按 ➕ **新增** \ **文字 (GDI+)** 開啟對話方塊，核選 **建立新來源** 並輸入名稱，選按 **確定**。

04 於 **文字** 欄位中輸入內容，再設定字型、顏色、外框、不透明度...等項目後，選按 **確定**。

05 回到主畫面中再將文字物件拖曳至合適的位置擺放，拖曳文字物件四周控點可等比例縮放。(視窗擷取畫面可用相同的方式調整)

06 最後再依相同操作加入圖片或是音訊設備...等擷取來源,並安排調整畫面至合適位置,這樣就完成場景的佈置。

影片品質的設定

直播時若要設定較好的影片品質,影片解析度及網路設定就很重要,除了要考慮設備與網路效能,也要考慮觀眾在觀看品質是否流暢。

01 於 **控制項** 選按 **設定** 開啟視窗,**影像** 項目,依自己的硬體規格設定 **來源 (畫布) 解析度**、**輸出 (縮放) 解析度**、**壓縮方式**、**常用 FPS**。

02 選按 **輸出**，中高階直播品質的建議設定：**串流** 項目 **影像位元率 (kbit/s)**：「6000 Kpbs」、**編碼器：軟體編碼 (x264)**、**音效位元率 (kbit/s)**：「192」，最後於視窗右下角選按 **確定**。(依影像解析度設定合適的網路上傳速度，詳細的位元率設定可參考 https://support.google.com/youtube/answer/2853702 的說明)

直播影片同步錄製

如果想要將直播影片同步錄下來，可依以下說明操作：

01 於 **控制項** 選按 **設定** 開啟視窗，在左側窗格 **一般** 項目中核選 **串流時自動錄製**。

02 再於左側窗格選按 **輸出**，錄影 項目中設定 **錄影路徑**、**錄影畫質**、**錄影格式**，設定完成後按 **確定** 鈕。

將直播影片串流至 YouTube

場景佈置、影片品質及網路相關設定都完成後，可以開始將直播的影片串流至 YouTube 平台。

01 開啟瀏覽器連結至 YouTube 首頁選按 📹 \ **進行直播**。

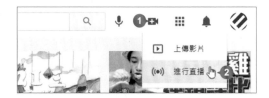

02 於左側選按 🔘 **直播** 開啟對話方塊，輸入直播活動名稱、設定影片隱私權、影片說明及影片類型。

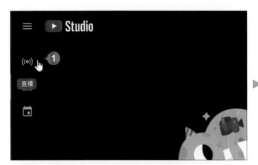

03 核選 **否，這不是為兒童打造的影片**，變更縮圖，再按 **儲存**，完成後就會進入直播現場控制室。

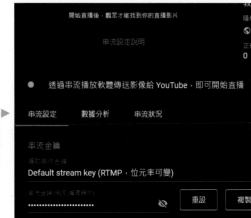

04 回到 OBS 軟體，選按 **控制項 \ 設定** 開啟視窗，在左側窗格選按 **串流**，設定 **服務：自訂...**，接著切換至瀏覽器，於直播現場控制室 **串流網址** 右側選按 **複製**，回到 OBS 軟體，並在 **伺服器** 欄位中按 Ctrl + V 貼上。

05 依相同操作，於直播現場控制室 **串流金鑰** 右側選按 **複製**，回到 OBS 軟體，並在 **串流金鑰** 欄位中按 Ctrl + V 貼上，再選按 **確定**。

06 於 **控制項** 選按 **開始串流**，這時也會自動開始錄製 (需開啟 P5-21 同步錄製功能)，於最下方狀態列即會顯示相關資料。

07 切換至直播現場控制室，過一會兒待串流資料上傳至 YouTube 後，直播影片即會開始播放。(如果影片一直沒有出現，可停止串流並檢查串流網址及金鑰是否輸入正確。)

08 切換至要直播的軟體畫面，開始進行直播內容。

09 最後要結束直播，先於 OBS 軟體選按 **停止串流** (正常設定情況下也會 **停止錄製**，如果沒有再手動停止。)，接著再於直播現場控制室右上角選按 **結束直播**，再選按 **結束** 即完成直播。

58 為直播主美膚及替換背景影像

直播時，總想露個臉讓大家認識你，一般會搭配補光燈或帶上小配件 (例如：帽子或是貓耳朵...等)，然而基本打扮及乾淨的背景很重要，在此特別介紹二套工具軟體，讓你簡單快速的為自拍畫面美顏擁有好氣色。

YouCam 9 和 PerfectCam 是訊連科技 (CyberLink) 的產品，這二套軟體都可以為自拍畫面加上美妝的效果 (目前僅支援 Windows 系統，詳細的軟體說明可參考官網說明 https://tw.cyberlink.com/downloads/trials/index_zh_TW.html)，支援中文操作介面有三十天試用期，以下以 PerfectCam 操作說明：

安裝並啟動 PerfectCam

開啟瀏覽器，於網址列輸入「https://tw.cyberlink.com/downloads/trials/perfectcam/download_zh_TW.html」訊連官網，輸入相關資訊，選按 **立即下載** 鈕，下載並安裝 PerfectCam 後開啟軟體。

設定自拍畫面美膚效果

於右側窗格拖曳 **柔膚** 滑桿，至合適的美膚效果。(數值越大，柔膚效果會越強烈。)

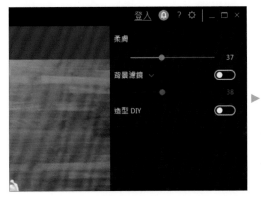
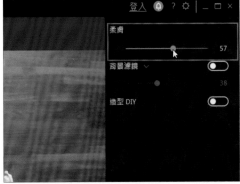

設定背景模糊或是替換背景

如果直播房間太凌亂或想保護隱私，可以讓背景模糊呈現，也可以替換成預設圖片或是自製背景。

01 模糊目前背景：於 **背景濾鏡** 右側選按 呈 狀，拖曳滑桿設定合適的背景模糊程度。

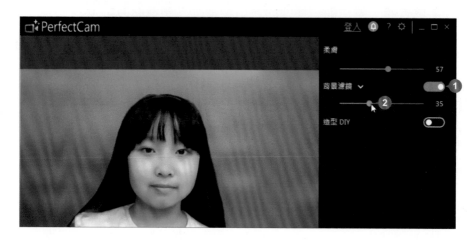

02 套用預設的背景：若是不想使用背景模糊的效果，於 **背景濾鏡** 右側選按 \ **以影像取代背景**，於清單中選按任一預設的背景套用。

03 使用自製的背景：於 **背景濾鏡** 右側選按 ⮟ \ **以影像取代背景** \ **新圖片** 開啟對話方塊，選取自製的背景圖片 (建議尺寸為 16:9 可剛好填滿背景)，選按 **開啟** 即會套用該圖片。

設定自拍畫面彩妝效果

設定好美膚及背景圖片，如果還能幫自拍的畫面上一點彩妝就更完美。

於 **造型 DIY** 右側選按 ⬤ 呈 ⬤ 狀，畫面下方即有預設的彩妝效果可直接選按套用，或是再於右側依需求以滑桿調整更細部的效果。

將調整好的自拍畫面加入 OBS 畫面

完成所有設定後，就可以將調整好的自拍畫面加到 OBS 畫面中。

01 開啟 OBS 軟體，於 **來源** 下方選按 ➕ **新增 \ 視訊擷取的裝置** 開啟對話方塊，核選 **建立新來源** 並輸入名稱，選按 **確定**。

02 於 **裝置** 清單中選按 **CyberLink PerfectCam**，再選按 **確定** 完成。

03 最後將自拍畫面拖曳至合適的地方擺放，再拖曳控點等比例縮放至合適的大小。

有趣又安全的聊天室

直播時，透過聊天室可以馬上得知觀眾對直播內容的想法，你可以根據這些最即時的感受，做出反應或是修飾，以下整理一些聊天室需要注意的事項：

▶ **指派聊天室管理員**：當聊天室人數眾多時，可指派聊天室管理員增加與觀眾的互動，過程中還可以移除不當留言或騷擾他人的觀眾。(詳細內容可參考 https://support.google.com/youtube/answer/9826490 的說明)

▶ **使用關鍵字封鎖功能**：於 **YouTube 工作室** 的 **設定** 選按 **社群 \ 自動篩選器**，於 **封鎖的字詞** 欄位輸入要封鎖字詞，系統會自動封鎖包含字詞的聊天室訊息，必要時核選 **封鎖連結** 項目，可避免不肖人士利用聊天室散播釣魚網頁或病毒。

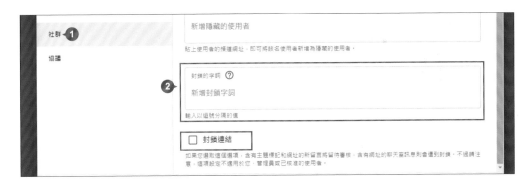

▶ **留待審核**：選按 **預設設定** 核選 **聊天室中的訊息** 下方項目，YouTube 就會自動辨識聊天室訊息，如果認為訊息內可能含有不當言論或內容時，會自動攔截並歸納至 **待審核** 留言，之後再由你決定顯示或隱藏該訊息。

▶ **啟用留言限制模式**：聊天室人一多訊息就會多，如果有人瘋狂洗頻時，其他人的訊息會淹沒在訊息海中，可以設定每位使用者張貼訊息時間間隔，有效降低這樣的情況發生。於直播現場控制室頁面，選按 **編輯** 開啟對話方塊，再選按 **聊天室**，核選 **啟用留言限制模式**，設定間隔時間，選按 **儲存**。(這個限制不會影響頻道擁有者、管理員及 YouTube 頻道付費會員。)

60　透過直播賺取收益

直播中利用 **超級留言** 與 **超級貼圖** 功能可以邊直播邊賺取收益；當直播結束後，利用 **營利** 功能在直播影片中放送廣告也可獲取收益。(可參考 P9-13 操作設定)

當你符合 YouTube 合作夥伴的資格 (觀看時間達 4000 小時、訂閱數超過 1000 人...等，且已啟用 **營利** 功能。)，即可於 **YouTube 工作室** 的 **營利** 中啟用，觀眾就能購買 **超級留言** 與 **超級貼圖**，讓訊息或圖示以醒目方式呈現在聊天室頂端，持續顯示一段時間。(在直播前啟用完成，聊天室才會顯示相關圖示。)

當觀眾要贊助直播主，只要於聊天室下方選按 <img 5> 與 **超級留言**，再輸入要留的訊息與金額後，選按 **購買並傳送**，最後輸入信用卡號再選按 **結帳** 就可以贊助此筆金額。(與贊助 **超級貼圖** 方法相同)

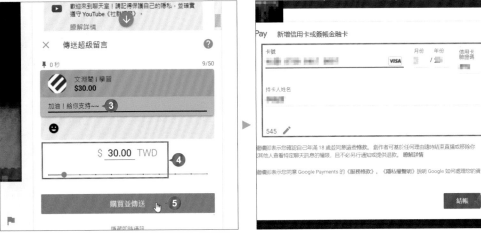

結帳完成後，留言就會顯示在聊天室最上方，金額愈高，留言置頂的持續時間就愈長。

最後，如果想查詢你最近被贊助的記錄，在直播或首播結束的幾天後，查看**頻道數據分析** 報表，即可看到觀眾購買超級留言產生的預估收益。

於 **YouTube 工作室** 選按 **數據分析**，在 **收益** 報表下方各資訊卡會顯示所有收益內容；於各資訊卡下方選按 **顯示更多** 可觀看更詳細數據報表，就是扣除合作夥伴收取的退款後，來自付費內容和超級留言...等交易的預估收益。

免費剪輯軟體
讓影片更吸睛

影片拍攝完成就要進入剪輯工作。此章挑選適合新手剪輯的
二套軟體，說明剪輯要點、配樂穿插、套用炫麗轉場效果、
標題字幕、色調濾鏡...等，另外也介紹了 YouTube 影片縮
圖與品牌浮水印的設計，讓你上傳的影片能快速引起觀眾的
興趣。

剪輯影片前先了解專業用語

▶ **畫面比例 (Aspect Ratio)**：指影片畫面的寬、高比例，有別於之前 4:3 的影片比例，現在相機或手機拍攝影片的比例多數是 16:9。目前 YouTube 頻道上傳預設即為 16:9，如果上傳的影片長寬比不是 16:9，播放器在播放影片的時候，就會加上垂直黑邊 (左右兩側) 或是水平黑邊 (上下兩側)。

▶ **剪輯 (Film Editing)**：編輯影片流程中很重要的階段，將每個匯入的媒體影片經過篩選、整理和修剪後，排列出合適的順序成為一部完整影片。

▶ **空間聲 (Room Tone)**：專門收音的麥克風，可以很清晰的錄下正確的聲音，但背景環境聲音就較不明顯，這時候可以要求全場安靜，錄下當時的環境聲音 (即是空間聲)，在後製時加入，可以增加臨場感。

▶ **連戲 (Continuity)**：拍攝不一定按照腳本順序拍攝 (例如補拍某個片段)，所以在剪輯時，需要插入這些影片縮圖，讓前後影片內容連續，注意像是動作或是對白的連貫性，避免出現不連戲的狀況。

▶ **交叉剪輯 (Cross-cutting)**：一種剪接技巧，主要將不同場景發生的鏡頭，穿插剪接在一起，使得觀眾覺得二件事情是同時發生，有時用來製造影片中的緊張感或讓影片更具有戲劇性。

▶ **轉場 (Transfer)**：從影片片段 A 轉至影片片段 B，中間的過程稱為轉場，常見像是 "淡入淡出" 的效果。大部分剪輯軟體都內建了豐富的轉場效果，然而能維持影片節奏才是好的轉場，而不是一昧的選擇誇張、複雜的效果。

▶ **淡接 (Fades)**：剪輯影片時最常用到的轉場效果，畫面會由正常逐漸轉成黑畫面或白畫面，這就是 "淡出 (Fade out)"，反之，畫面由黑或白轉成正常畫面，這就稱做 "淡入 (Fade in)"。

▶ **融接 (Dissolve)**：與 **淡接** 很類似的轉場效果，影片片段先慢慢淡出，接著再逐漸淡入至出現下一個影片片段，通常前後影片縮圖間有部分重疊。

▶ **字幕 (Subtitles)**：影片的台詞或對白文字。

▶ **跳剪 (Jump cut)**：如果是一鏡到底拍攝完畢，中間必定有 NG 片段需刪除，將這些片段跳著剪輯再合併成完整影片，過程叫做跳剪，錄影時可以利用拍手或打板來標示 "此片段需要剪裁"。

▶ **音效 (Sound Effects)**：影片加入配樂或特殊音效，可以為畫面增加氣氛或戲劇效果，好的背景音效可以讓觀眾更專注於影片內容。

▶ **初剪 (Rough Cut)**：將影片片段依腳本順序拼接完成的第一個版本，如果內容沒有問題，就可以進行更精細的剪輯。

▶ **完成版 (Final Cut)**：影片、聲音、特效...等所有剪輯都完成的定案版本。

手機的攝影功能不斷提升的情況下，使用手機拍攝影片並剪輯的使用者不在少數，現在只要透過手機 App 就可以製作出完全不輸專業剪輯的影片。以下介紹如何使用 "CapCut" 這款影片剪輯 App 剪輯出精彩的影片，免費下載、不限影片長度、可匯出 1080 高清畫質、無浮水印、初學者也能輕易上手，只要先挑選出自己喜歡的照片、影片再套用主題，即可快速後製出有片頭、特效、轉場、標題的酷炫影片。

CapCut - 匯入照片、影片素材

01 安裝 ⊠ **CapCut** 完成後點選 **開啟**。(第一次開啟會有服務條款和隱私政策說明，點選 **接受** 進入主畫面。)

02 於主畫面點選 **開始創作**，再點選 **允許** (或 **設定 \ 允許取用所有照片 \ 允許**)，依序點選要使用的照片或影片 (右上角呈 ◉ 狀)，再點選 **新增**。

CapCut - 指定影片比例

剪輯影片前，需先指定合適的影片比例，常用的有：9:16 (直式)、16:9 (YouTube 影片預設尺寸)、1:1 (IG、FB 貼文)...等。

01 於主畫面，選按 ▣，指定影片要呈現的比例。

02 於上方預覽區以兩指縮放影片大小至合適目前的影片比例，再於上方預覽區點住影片拖曳至合適的播放範圍，依此方式調整每個影片或相片片段。完成設定後於左下角點選 ▣ 回到主畫面。

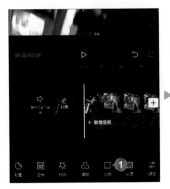 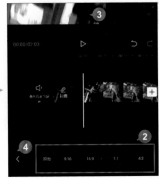

CapCut - 剪裁影片內容及調整播放順序

01 調整影片起始、結束時間點：先點選要剪輯的影片片段，拖曳影片片段左側可調整開始時間點，拖曳影片片段右側可調整結束時間點。過程中如編輯錯誤可點選 ▣ 復原步驟 (▣ 則是重做步驟)。

02 切割影片：先點選要剪輯的影片片段，拖曳時間軸，將指標線停留在欲切割的時間點 (時間軸可透過手指縮放)，點選 ▐▌ 即可將影片分割為二個片段 (片段與片段之間會有 ▐ 圖示)，接著點一下要刪除的影片片段，點選 🗑 刪除。

03 變更影片片段的前後順序：先點選欲變更的影片片段後，再點住即會看到縮小的影片片段縮圖，往右 (或往左) 拖曳至合適位置，放開手指即可變更影片片段順序。

CapCut - 加入轉場特效

為影片片段之間設計轉場效果,播放時能夠更為流暢、自然。

01 於主畫面,拖曳時間軸至出現 Ⅰ 轉場圖示,點一下 Ⅰ 進入 **轉場** 編輯畫面。

02 點選欲使用的轉場類型,下方清單中再點選合適的效果,拖曳滑桿設定 **時長**,並點選 **套用到全部**,最後點選 ✓,回到主畫面。(不想套用至全部,可依相同操作設定各別轉場特效。)

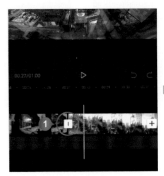
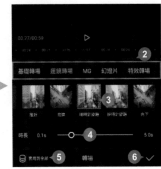

CapCut - 加入影片文字

為影片加入說明文字或標題,可以突顯影片的故事性。

01 於主畫面拖曳時間軸,將指標線停留在欲加入文字的時間點,點選 🔤 再點選 A+ 新增文字物件,接著輸入文字內容。

02 拖曳文字框可以移動文字位置，拖曳文字框右下角  可縮放大小與旋轉；於 **樣式** 中設定字型、文字外觀及其他項目，再點選 **動畫** 設定**進場**、**退場** 效果以及秒數，最後點選 ✅。

03 於時間軸點選文字物件，拖曳左右二側可調整開始與結束時間。另外點選文字框右上角 ，可進入文字編輯畫面修改文字設定；點選左下角 ◻，可複製相同文字物件。完成設計後於左下角點選 « 與 ‹ 回到主畫面。

CapCut - 挑選合適的配樂

提供了節奏、旅行、清新、浪漫...等主題式音樂供試聽與套用，可為影片選擇最合適的配樂。

01 首先關閉影片的原始音訊：於主畫面，將時間軸拖曳至影片開始處，於左側點選 🔊 呈 🔇 靜音狀。

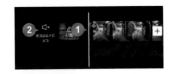

02 新增音樂：點選 🎵 \ 🎵 進入 **新增音樂** 畫面，點選畫面上方的音樂風格 (或是點選 **推薦**)，清單中可點選音樂名稱試聽，再點選一次即取消試聽。

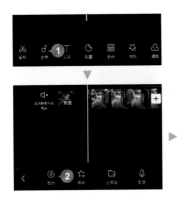 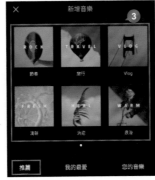 

於合適的音樂右側點選 ➕ 加入時間軸，拖曳時間軸至音樂結束處，點一下音樂呈選取狀態，再點住結束處往左拖曳修剪不需要的部分。

03 新增第二段音樂：如果挑選的音樂時間長度不夠，可以新增相同音樂延長。在取消音樂選取的狀態下，拖曳時間軸至第一段音樂結束處，點選 🎵 進入 **新增音樂** 畫面，於相同的音樂右側點選 ➕ 加入。

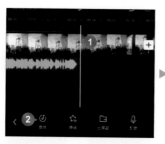

拖曳時間軸至第二段音樂欲結束的位置 (若不在同一音軌可以點住新增的音樂拖曳擺放至相同音軌)，點一下音樂呈選取狀態，再點住音樂結束處往左拖曳修剪超出影片的部分。

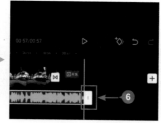

04 音樂淡出、淡入：最後點選 ▢，拖曳 **淡出時長** 滑桿設定合適的秒數，再點選 ✅ 完成背景音樂結束淡出的製作，完成設計後於左下角點選 《 與 〈 回到主畫面。

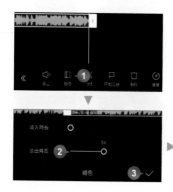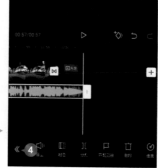

CapCut - 套用濾鏡及特效

專業風格濾鏡與特效，一鍵拯救你的影片色彩，讓影片不再單調。

01 加入濾鏡：於主畫面，拖曳時間軸，將指標線停留在要套用濾鏡的時間點，於下方功能表點選 🎨，先點選合適的濾鏡風格，再於下方點選合適的濾鏡套用 (拖曳上方滑桿可變更濾鏡的強度)，最後點選 ✅。

拖曳濾鏡物件左右二側，可以調整開始與結束時間；如果要再新增下一個濾鏡，則可以拖曳時間軸，將欲套用另一個濾鏡的時間點，點一下空白處取消前一個濾鏡的選取，接著再點選 🎨，於清單中套用合適的濾鏡並調整。

02 加入特效：於主畫面，拖曳時間軸，將指標線停留在要加入特效的時間點，點選 ⭐，滑動並點選特效類型，再於下方清單中套用合適特效，最後點選 ✅。

 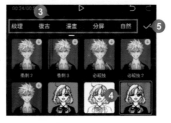

拖曳特效物件左右二側，可以調整開始與結束時間，點住特效則可以拖曳擺放位置；欲在時間軸上加入其他特效時，先在空白處點一下取消前一個特效的選取，點選 ，再依相同操作完成其他特效設計，最後於左下角點選  與  回到主畫面。

CapCut - 製作影片片頭與片尾

最後為影片加上片頭設計及修改自動產生的片尾文字，即完成整部影片製作。

01 設計片頭：將時間軸拖曳至影片開始處，點選 **封面**，滑動時間軸找到合適的畫面 (或是點選 **上傳** 選擇裝置裡的圖片)，點選 **新增文字**。

輸入片頭文字內容，於 **樣式** 中設定字型、文字外觀及其他項目，最後可以拖曳文字框右下角 ⊡ 縮放或旋轉，再點選 ☑ 完成，最後於畫面右上角點選 **儲存**。

02 設計片尾：將時間軸拖曳至片尾，於編輯區上點一下片尾文字，輸入文字內容後，點選 ☑，完成設計後於左下角點選 ❮ 回到主畫面。

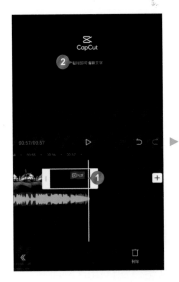  

(若不希望片尾出現軟體名稱，可選取片尾片段後點選 🗑 刪除片尾，再自行新增其他影片片段或文字設計成片尾。)

CapCut - 儲存專案並匯出、上傳影片

將剪輯好的影片儲存至裝置與草稿 (後續可於首頁再開啟繼續編輯)，再匯出檔案分享至 YouTube。

01 儲存：將時間軸拖曳至影片開始處，點選 ▶ 檢視影片內容，確認沒問題後，iOS 可於畫面右上角點選 `1080P ▲` 設定 **解析度、畫面速率**，再點選 ⬆ 匯出完成儲存；Android 則需於畫面右上角點選 ⬆，設定 **解析度、畫面速率**，完成後點選 **匯出**。

02 分享影片至 YouTube：於 Android，待轉檔完成，點選 **分享到其他平台**，於清單中點選 **YouTube**，接著依畫面要求完成設定與分享。

由於目前 iOS 的 CapCut 未提供直接上傳影片至 YouTube 的項目，因此需開啟 **YouTube** App，點選下方 ⊕ \ **上傳影片**，從裝置指定影片上傳。

63 如何在電腦剪輯影片

電腦版的影片剪輯軟體有很多選擇，以下介紹的 OpenShot Video Editor (以下簡稱 OpenShot)，是全中文化界面，可跨多種不同平台使用，也沒有惱人的浮水印，更重要的是完全免費。

練習此章範例前，請先將 <Part6> 資料夾存放電腦本機 C 槽根目錄，這樣此章範例內容才能正確連結並開啟。

OpenShot - 下載安裝並設定專案規格

01 開啟瀏覽器連結至「https://www.openshot.org/zh-hant/」，於首頁上方選按 **下載** 進入畫面，選擇合適的版本後選按 **下載 v2.5.1**。

02 下載完成後，執行檔案並依指示完成安裝。

03 首次開啟 OpenShot，於 **歡迎** 對話方塊中可一步步瀏覽簡易教學或選按 **隱藏教學** 直接略過。介面功能如下圖說明：

04 選按 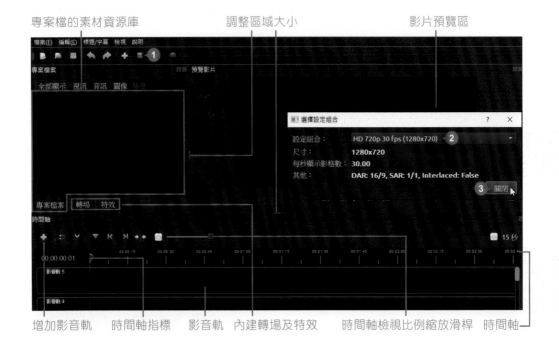，於 **設定檔** 選擇合適的專案規格 (HD 720p 或 HD 1080p 都是適合 YouTube 16:9 的影片規格) 後，選按 **關閉** 完成。

專案檔的素材資源庫　　　　　　調整區域大小　　　　　　　　影片預覽區

增加影音軌　時間軸指標　影音軌　內建轉場及特效　　時間軸檢視比例縮放滑桿　時間軸

OpenShot - 匯入素材檔案

選按 ，開啟素材檔存放的資料夾，按 Shift 鍵選取所有影音檔案後，選按 **開啟** 即可將選取的素材匯至素材資源庫中。

OpenShot - 插入影片並調整時間軸檢視比例

編輯影片時，適當的調整時間軸顯示比例，可以方便找尋所需素材的位置。

01 於素材資源庫選取要插入的 **06-01.wmv** 影片素材，按住滑鼠左鍵拖曳至下方 **影音軌 1** 上放開，可將影片素材置入影音軌。

02 將滑鼠指標移至 **影音軌 1** 的影片素材縮圖上呈 ✛ 狀，按住滑鼠左鍵可拖曳至合適的時間點擺放。

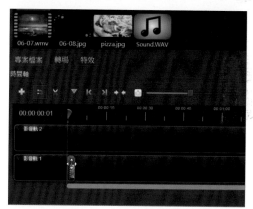

小提示

預設的影音軌順序

OpenShot 預設會開啟 5 個影音軌，在插入影片與相關素材時，放置在 **影音軌 2** 的內容會重疊在 **影音軌 1** 上方，以此類推，放置在 **影音軌 5** 的內容則會顯示在最上層。

03 於時間軸上方的滑桿向左拖曳 (或按 **⊕**)，可以放大時間軸顯示單位，向右拖曳 (或按 **⊖**) 則會縮小時間軸顯示單位。

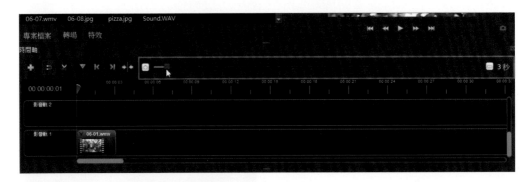

OpenShot - 剪輯影片長度

想修剪影片中的 NG 片段或是擷取影片片段，只要用滑鼠拖曳就行了。

01 將 **06-02.wmv** 影片素材拖曳至 **影音軌 1** 最右側的影音素材後方插入，可先在影片預覽區預覽播放，再拖曳時間軸指標至需剪輯的畫面或時間點。

02 將滑鼠指標移至 **影音軌 1** 要剪輯的 **06-02.wmv** 影片素材最右側結束處呈 **⬌** 狀，按住滑鼠左鍵向左拖曳至時間軸指標的位置，即可修剪影片時間長度。

OpenShot - 將影片分為多個片段

利用 **拆分片段** 功能，可以將影片拆成多個片段，也不會影響原始影片。

01 於素材資源庫要剪輯的 **06-03.wmv** 影片素材縮圖上按滑鼠右鍵選按 **拆分片段**。

02 拖曳滑桿至片段開始的位置 (此例為 01:01)，選按 **開始**，再拖曳滑桿至片段要結束的位置 (此例為 06:30) 選按 **結束**，於 **片段名稱** 為這個新片段命名，最後選按 **建立**，可重覆這個步驟建立多個片段，最後於右上角選按 ☒。

03 素材資源庫中會產生剛才拆分的影片素材，接著再將該片段拖曳至 **影音軌 1** 最右側的影片素材後方。

切割影片片段

如果想切割影片,可選按時間軸上方的 ✂ **剪片工具**,將滑鼠指標移至時間軸,要切割的影片素材上呈 ✎ 狀,按一下滑鼠左鍵即可快速切割,最後再次選按 ✂ 取消使用該工具。

OpenShot - 快轉、慢動作、倒轉效果

影片可以透過快轉、慢動作、倒帶播放...等效果的設定,讓影片更生動有趣。

01 於素材資源庫拖曳 **06-04.wmv** 影片素材至下方 **影音軌 1** 最右側的影片素材後方擺放,並在上方按一下滑鼠右鍵,選按 **時間 \ 快鏡 \ 向前 \ 2X**,影片就會以 2 倍數快轉播放。

02 於素材資源庫拖曳 **06-05.wmv** 影片素材至 **影音軌 1** 的 **06-04.wmv** 影片素材後方擺放,並在上方按一下滑鼠右鍵,選按 **時間 \ 慢鏡 \ 向前 \ 1/2X**,影片就會以 1/2 速度放慢播放。

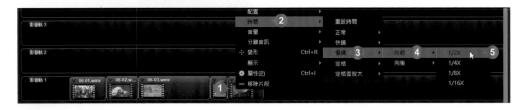

03 於素材資源庫拖曳 **06-06.wmv**、**06-07.wmv** 至下方 **影音軌 1** 最右側的影片素材後方擺放，分別在這二段影片素材上按一下滑鼠右鍵，選按 **時間 \ 正常 \ 向後 \ 1X** 指定該影片倒轉播放的效果。

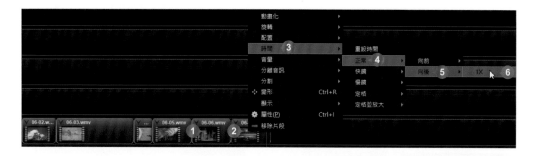

OpenShot - 加入字幕或標題

字幕 功能可以為影片加入字幕或標題，加強畫面的豐富度。

01 選按 **標題/字幕 \ 標題/字幕**，於 **標題或字幕** 對話方塊中可看到許多預設的範本。

02 選按合適的範本，於右側 **檔案名稱** 輸入此素材的名稱，**列1** 輸入文字內容，調整 **字型**、**文字** (文字顏色)...等項目，完成選按 **儲存**，即可在素材資源庫產生一個文字素材 (*.svg)。

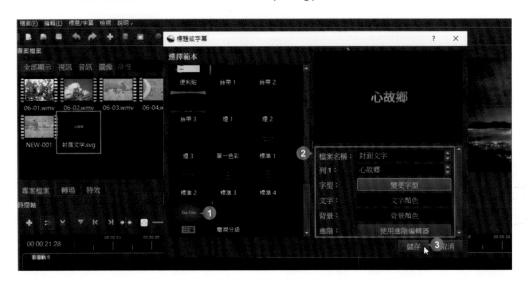

03 於素材資源庫拖曳剛建立的文字素材至 **影音軌 2** 的最前方，接著將滑鼠指標移至其右側結束處呈 ⬅➡ 狀，按住滑鼠左鍵向左拖曳，調整文字素材的時間長度對齊 **06-01.wmv** 影片素材結束處，完成片頭設計。

04 於素材資源庫拖曳 **06-08.jpg** 圖片素材至下方 **影音軌 1** 最右側的影片素材後方擺放，並剪輯為約 3 秒的時間長度，最後再依相同操作完成片尾文字製作。

(若想於影片下方加入有底色的字幕，建議可選擇 **條紋-3** 範本，而片尾的謝幕文字則可選擇 **標準-1** 範本。)

OpenShot - 設定轉場效果

影片之間加入轉場效果，播放時會更流暢自然。

01 選按 **轉場** 開啟轉場資源庫，選取並拖曳要運用的轉場效果至 **影片軌 1**，
疊在 **06-01.wmv** 與 **06-02.wmv** 二個影片素材縮圖之間。

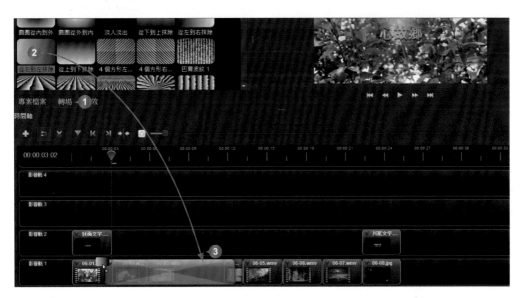

02 將滑鼠指標移至轉場效果的藍色區塊右側結束處呈 ↔ 狀，按住滑鼠
左鍵向左拖曳調整轉場的時間長度 (約 1.5 秒較合適)。

(要精準變更影片片段或轉場效果的時間長度，可以在選取狀態下，選
按 **檢視 \ 檢視 \ 全部顯示**，於左側 **屬性** 面板 **結束** 右側數值連按二下
滑鼠左鍵輸入秒數即可變更時間長度。)

03 於轉場效果上按一下滑鼠右鍵，選按 **複製 \ 轉場**，再按 Ctrl + V 鍵貼上一個相同的轉場效果，將其移至時間軸中合適的時間點擺放。

04 最後依序分別在其他影片片段之間加入轉場效果。完成後可於上方預覽視窗瀏覽整體效果，若發現播放轉場時不順，可能是因為硬體效能不足，待最後匯出檔案時，即可解決這個狀況。

OpenShot - 配樂與環境音處理

加入合適的配樂可以完美結合視覺與聽覺效果，若想去除影片拍攝當下的背景雜音，只要將影片原始音源調整為靜音即可解決問題。

01 設定影片為靜音：於 **影音軌 1** 要調整為靜音的 **06-02.wmv** 影片素材左上角選按 **∨ \ 屬性**，時間軸左側會出現 **屬性** 面板。

 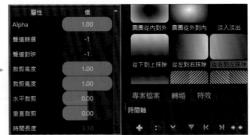

於 **屬性** 面板 **音量** 項目右側數值上連按二下滑鼠左鍵並輸入「0」，再按 Enter 鍵即可完全靜音，依相同操作將其他影片片段設定為靜音。

02 於素材資源庫拖曳 **Sound.WAV** 音訊素材至 **影音軌 3** 的開始處擺放。

03 於 **影音軌 3** 將滑鼠指標移至 **Sound.WAV** 音訊素材右側結束處呈 ↔ 狀，按住滑鼠左鍵向左拖曳，對齊整部影片最後的 **06-08.jpg** 圖片素材結束處。

04 於 **影音軌 3** 的音訊素材上按一下滑鼠右鍵，選按 **音量 \ 片段結束 \ 淡出 (慢)** 讓配樂音量於結束時漸漸淡出。

(若要剪輯配樂素材時間長度，除了拖曳素材前後調整，也可參考 P6-19 以 **拆分片段** 功能修剪。)

OpenShot - 匯出影片

完成影片剪輯後，就可以將影片匯出成可上傳 YouTube 的 MP4 格式檔案。

01 選按 ⬤，輸入檔案名稱並指定存放的路徑，於 **簡易** 標籤設定合適的影片品質後，選按 **匯出影片**。

02 轉檔完成後 (轉檔所需時間依個人電腦硬體設備而異)，選按 **已完成**，匯出的影片會儲存於指定的資料夾中，之後再將檔案上傳至 YouTube。

名稱	修改日期
Part6_assets	2021/3/12 下午 12:01
Part6.osp	2021/3/12 下午 12:01
心故鄉剪輯完成.mp4	2021/3/12 下午 12:00

64 製作影片縮圖

YouTube 每日上傳的影片數量非常多,製作吸引人的縮圖有助於提高點閱率,P4-12 已說明如何為影片手動指定縮圖的方式,在此用免費軟體 GIMP 製作,開啟瀏覽器連結至「https://www.gimp.org/downloads/」選擇合適的版本下載安裝。

(官網下載畫面中有二個項目可供下載,在此選按橘色按鈕直接下載執行檔並依步驟完成安裝。過程中使用預設的 English 語系安裝,開啟軟體後可以看到繁體中文界面。)

建立新檔及擷取畫面圖片

YouTube 建議最佳的縮圖解析度為 1280 x 720、比例 16:9、格式:jpg、gif、bmp 與 png、檔案大小不超過 2MB。

01 開啟軟體後,選按 **檔案 \ 新增**,於 **範本** 清單中選擇 **1280X720 (HD 720p)**,選按 **進階選項**,設定 **水平解析度:72、垂直解析度:72、像素/in、填上:白色**,選按 **確定**,開啟一個新的空白圖片。

02 播放已上傳 YouTube 或本機的影片，在要擷取當作縮圖的畫面暫停 (不要將視窗縮小)，回到 GIMP 選按 **檔案 \ 建立 \ 從螢幕畫面擷取**，核選 **Area：單一視窗** (其他項目照預設)，選按 **擷取**。

03 會出現一個 **Select Window** 對話方塊，接著將 GIMP 視窗最小化，拖曳對話方塊中的 ➕ 至要擷取畫面的視窗中放開，GIMP 即會新增一個擷取好的圖片檔。

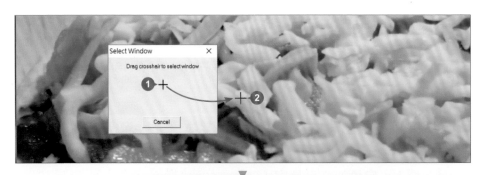

04 於工具列選按 ，接著在編輯區拖曳縮圖範圍，按 Ctrl + C 鍵複製，再於編輯區上選按空白圖片檔，按 Ctrl + V 鍵貼上。

05 選按 **工具 \ 變換工具 \ 縮放**，再將滑鼠指標移至左上角的控點按住 Shift 鍵並拖曳等比例縮放，將圖片放大至超出畫面。

06 按住 Shift 鍵拖曳右下角控點等比例縮放，將圖片填滿整個畫面後，選按 **縮放** 完成設定。

07 完成圖片縮放後，最後於右下角 **圖層** 面板選按 ⚓，將它平面化成為背景圖片。

 ▶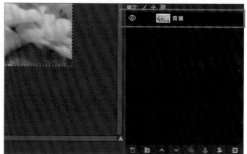

小提示

將縮放完成的圖片變更為獨立圖層

如果縮放完成的圖片不想成為背景，而是想獨立成為單一圖層時，可選按 🔲 新增圖層，即可將它變更為獨立的圖層。

為圖片加入邊框

為圖片加上邊框，可讓圖片的視覺感受更加明顯。

01 選按 **選取 \ 全選**，將整個背景選取。

02 選按前景色縮圖，設定顏色後選按 **確定**，接著選按 **編輯 \ 對選取範圍描邊** 開啟對話方塊，核選 **Stroke line：單色、反鋸齒**，設定 **線條寬度：75 px**，選按 **Stroke** 即可為圖片加上邊框。

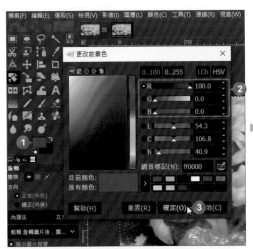

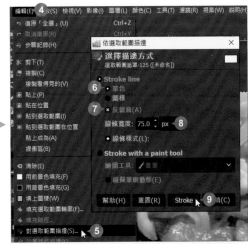

加入吸睛的標題文字

在縮圖中加入與影片內容相符、具話題性、吸引人的標題文字，更能提高觀看數。

01 首先縮小畫面方便編輯，於下方按一下 ，選按 **50%**，接著於工具列選按 ，並在編輯區按一下滑鼠左鍵插入文字區塊。

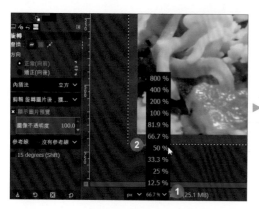 

02 輸入文字內容再拖曳選取全部文字，按一下文字工具列上的色塊，設定所需的顏色後，選按 **確定**。

03 利用文字工具列設定合適的字型與大小，再於工具列選按 ，將滑鼠指標移至文字上，按住滑鼠左鍵拖曳至合適位置擺放。

為文字加上底色色塊

01 於 **圖層** 面板選按 **背景** 圖層，選按 ⬛，接著選按 **確定**，即可在 **背景** 圖層上方新增一個圖層。

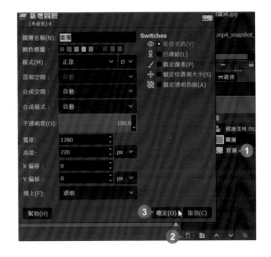

02 選取新的空白圖層，於工具列選按 ⬛，在文字下方拖曳出一個合適的矩形選取範圍 (在選取狀態下可透過四個控點調整大小)，接著按一下 ⬛ 再選按 ⬛，就可以交換前景與背景色，將 **前景色** 設定為白色。

03 選按 **編輯 \ 用前景色填充**，將剛剛的矩形選取範圍填上白色。

04 選按 **選取 \ 全不選** 取消選取，接著於 **圖層** 面板調整白色色塊的 **不透明度** 至合適的狀態。(按  調整或輸入數值的方式都可以調整圖層不透明度)

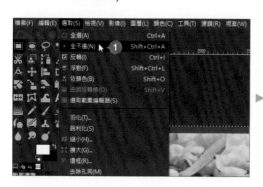

05 依相同操作方式，完成第二個文字與色塊的製作，最後可以利用工具列的 🔀，調整文字與色塊的位置。

使用路徑繪製多邊形圖案

使用路徑工具繪製一個背景色塊，可以更突顯文字內容。

01 於 **圖層** 面板先按一下 **背景** 圖層，選按 🗎 再選按 **確定** 新增一個圖層，接著於工具列選按 🔲。

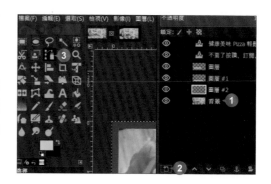

02 選按新的空白圖層，於左側 **路徑** 標籤核選 **初步設計**，滑鼠指標呈 狀，再於編輯區中按七下滑鼠左鍵產生七個控點。

03 如果要調整控點位置，可於左側 **路徑** 標籤核選 **編輯**、**多邊形**，將滑鼠指標移至控點上呈 ⁻ᵢ⁺ 狀，拖曳即可調整控點位置。

04 設定欲填充的前景色，於左側 **路徑** 選項中選按 **填充路徑** (或選按 **路徑轉為選取範圍**，再選按 **填充路徑**。)，再選按 **填充** 完成路徑繪製。最後開啟 LOGO 圖片，全選複製、貼上並擺放至合適位置，就完成專屬的影片縮圖。

匯出 PNG 檔案

製作完成的縮圖，最後再輸出成品質較佳的 PNG 格式。

01 選按 **檔案 \ 匯出** (或 **Export**)，輸入檔案名稱後，選擇要儲存的資料夾位置，選按 **選擇檔案格式：PNG 圖片**，選按 **匯出**。

02 維持預設項目，選按 **匯出**，最後參考 P4-12 將圖片上傳至 YouTube 變更影片縮圖。

65 製作品牌浮水印圖片

品牌浮水印 是 YouTube 的內建功能，主要顯示在 YouTube 影片右下角，可以是專屬 Logo 或圖形，也可以是一個訂閱按鈕，當觀眾在觀看影片時，可以選按浮水印直接訂閱你的頻道。如何為影片新增浮水印的操作可參考 P4-29，在此將以免費軟體 GIMP 說明如何設計浮水印。

YouTube 建議避免使用填滿顏色的圖片，背景透明的單色圖片可以減少觀眾在視覺上的干擾，格式建議使用 PNG、檔案大小不超過 1MB、而正方型比例的圖片，上傳後比較不會變形。

01 開啟軟體後，選按 **檔案 \ 新增**，於 圖片尺寸 設定 **寬度：300、高度：300、px**，選按 **進階選項**，設定 **水平解析度：72、垂直解析度：72、像素/in**，填上：**透明**，選按 **確定** 就可以建立一個透明背景的檔案。

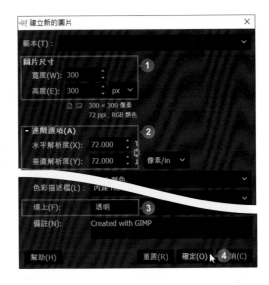

02 編輯區中，灰色格紋的背景色代表透明的區域。

03 於工具列選按 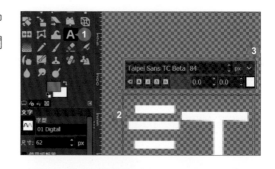，編輯區中拖曳一文字區塊，輸入「訂閱我」，拖曳選取全部文字後，設定字型與尺寸、色彩。

04 於工具列先選按 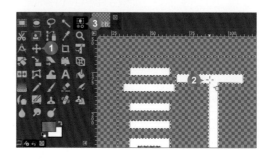，移至文字區塊上，按住滑鼠將文字拖曳至合適的位置擺放，再選按 ，於編輯區的文字上按一下滑鼠左鍵選取文字區域。

05 選按 **選取 \ 擴大**，設定 **選取範圍擴大程度：4 px**，選按 **OK**，接著於 **圖層** 面板選取 **背景** 圖層，變更前景色為要填充的顏色，選按 **編輯 \ 用前景色填充** 將選取範圍填滿前景色。

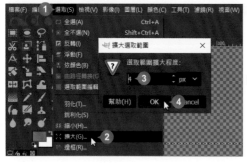

06 選按 **選取 \ 全不選** 取消選取，於 **圖層** 面板先按一下 **訂閱我** 圖層，再選按 新增一個新圖層。

07 於工具列選按 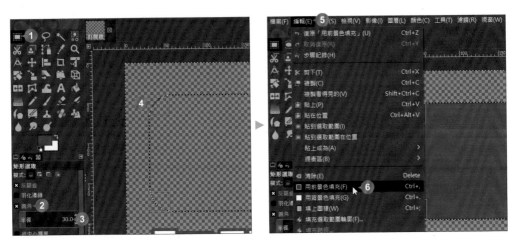，於左側 **矩形選取** 工具選項中核選 **圓角**，設定 **半徑：30.0**，編輯區中拖曳出一個圓角矩型，接著選按 **編輯 \ 用前景色填充** 將選取範圍填滿與文字邊框相同的紅色。

08 於工具列選按 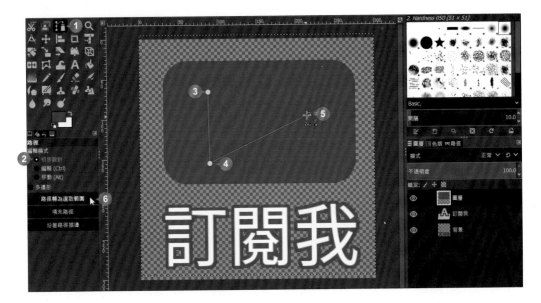，於 **編輯模式** 核選 **初步設計**，在編輯區圓角矩形上點出 3 個錨點形成三角形，接著於左下方選按 **路徑轉為選取範圍**。

09 於工具列下方按一下 ![icon]，再選按 ![icon] 將前景色設定為白色，接著於 **圖層** 面板選按 ![icon]，於 **圖層** 上新增 **圖層 #1** 圖層，再選按 **編輯 \ 用前景色填充** 將選取範圍填滿白色。

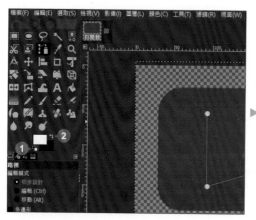

10 選按 **選取 \ 全不選** 取消選取範圍。

11 於工具列選按 ![icon]，於白色三角形按一下，拖曳控點調整至合適大小，然後選按 **縮放** 完成，於工具列選按 ![icon]，拖曳移動白色三角形至合適位置。

12 最後選按 **檔案 \ 匯出** (或 **Export**)，輸入檔案名稱及指定儲存的資料夾位置，選按 **選擇檔案格式：PNG 圖片**，選按 **匯出**，再選按 **匯出**，即完成品牌浮水印的製作，最後參考 P4-29 上傳至 YouTube。

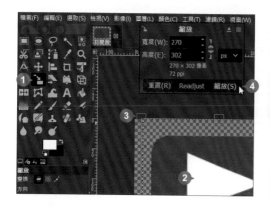
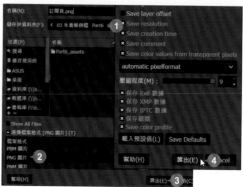

分析流量就能了解頻道成效

"數據分析" 工具是洞察 YouTube 頻道成效與趨勢的最佳方
式，了解觀眾組成結構並投其所好，以及掌握最被喜好的影
片提升曝光次數，賺取更多收益。

YouTube **數據分析** 工具能協助你從各個角度分析，取得頻道成效、影片觀看次數、流量來源、訂閱人數、觀眾群觸及率...等相關數據。

一開始不妨從你感興趣的關鍵統計數據開始，透過各式圖表查看頻道成效，掌握頻道發展情形。

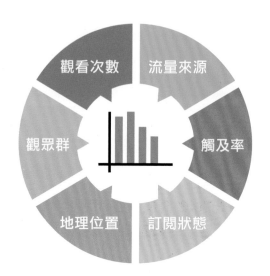

▶ **為何數據分析很重要**

透過 YouTube **數據分析** 工具可以讓你了解該加強或改變哪個環節才能提升頻道成效。

▶ **分析前先思考這些關鍵問題**

- 哪些是頻道前十大發燒影片？查看觀看時間、觀看次數和收益的摘要資訊。

- 觀眾是誰？透過哪些方式訂閱你的頻道？了解觀眾來自哪些國家、年齡層和性別後，進一步運用創意打動他們的心。

- 為何這些影片會受到觀眾喜愛？看完也會分享給朋友嗎？不妨觀察你每部影片的觀看時間，了解激發觀眾感興趣的最大賣點為哪些。

- 面對流量來源，觀眾是透過 YouTube 建議清單、瀏覽功能...等方式搜尋看到你的影片，還是經由外部 Facebook、Google...等平台？了解觀眾是透過哪些管道找到你的影片。

67 進入 YouTube 數據分析

YouTube **數據分析** 工具提供最即時的指標和報表，反應出你的頻道每部影片現況，快速洞察趨勢掌握關鍵統計數據。

01 於 YouTube 首頁，選按右上角帳戶縮圖 \ **YouTube 工作室**。

02 選按左側 **數據分析**，頻道數據分析主畫面中提供了 **總覽**、**觸及率**、**參與度**、**觀眾** 四個報表，可了解頻道整體成效。

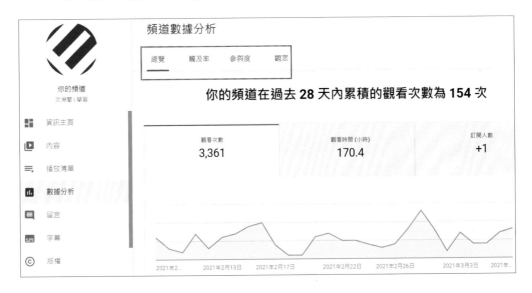

開始瀏覽頻道數據分析主畫面任一報表前，需先指定統計分析的日期範圍。

01 頻道數據分析主畫面右上角，預設為 **最近 28 天**，若想變更分析日期範圍，只要選按 **最近 28 天** 右側 🔽，於清單中選按日期範圍。

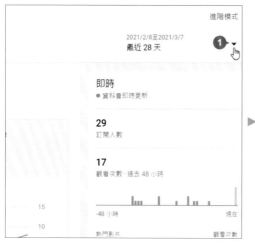

統計圖表合適的日期範圍

頻道數據分析主畫面中，雖然日期範圍可以指定為某日或某幾日，但要能透析頻道成效與發展，建議最好指定為週、月或是年，這樣產生的統計圖表才能得知整體趨勢。

02 如果日期範圍選項中沒有合適的，可以選按 **自訂**，直接輸入開始與結束時間點，或拖曳設定開始與結束時間點後，選按 **套用**，即會以該日期範圍呈現統計圖表。

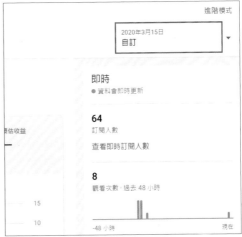

69 數據分析四大報表

頻道數據分析主畫面中包含四個主要報表：**總覽、觸及率、參與度、觀眾**，讓你快速掌握頻道各項指標。

01 於頻道數據分析主畫面，選按 **總覽**。可以查看頻道的關鍵指標，歸納你的影片在 YouTube 的 **觀看次數、觀看時間(小時)** 及 **訂閱人數** 成效表現總表 (選按任一項目名稱可瀏覽相關圖表) (如果已加入 YouTube 合作夥伴計劃，還會看到過去的預估收益)，下方是 **您在這段期間中的熱門影片**，右側有 **即時** 資料與 **最新影片**。

02 選按 **觸及率**，可以得知觀眾觀看影片的頻率。歸納你的影片在 YouTube 的 **曝光次數**、**曝光點閱率**、**觀看次數** 及 **非重複觀眾人數** 成效表現總表 (選按項目名稱可瀏覽相關圖表)，下方則是 **流量來源類型**、**曝光次數和對觀看時間的影響**...相關資訊卡。

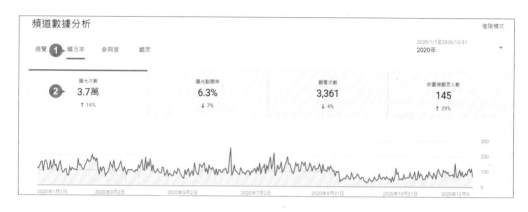

03 選按 **參與度**，可得知觀眾在觀看哪些內容及會持續觀看的片段。歸納你的影片在 YouTube 的 **觀看時間(小時)**、**平均觀看時間長度** 成效表現總表 (選按項目名稱可瀏覽相關圖表)，下方則是 **熱門影片**、**結束畫面點擊次數最高的影片**、**觀看時間最長的播放清單**...等相關資訊卡。

04 選按 **觀眾**，可得知哪些人在觀看你的影片。歸納你的影片在 YouTube 的 **回訪的觀眾**、**非重複觀眾人數** 及 **訂閱人數** 成效表現總表 (選按項目名稱可瀏覽相關圖表)，下方則是 **觀眾觀看時間**、**年齡層和性別**、**熱門地區**...等相關資訊卡 (選按各資訊卡下方的 **顯示更多** 可以查看更多資料)。

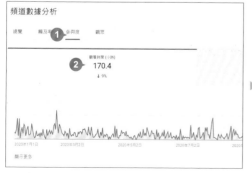

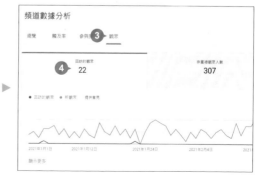

參與度 報表可得知觀眾喜歡觀看哪部影片與播放清單...等。進入其數據分析總覽還能知道觀眾喜歡與不喜歡每部影片的佔比、平均觀看時間長度、分享數，分析結果可做為日後如何規劃主題的參考。

01 於頻道數據分析主畫面 **參與度** 報表上方，可以看到指定日期範圍內的 **觀看時間(小時)** 與 **平均觀看時間長度** 的統計數值，將滑鼠指標移至圖表上方還可看到這段期間每日的觀看時間。

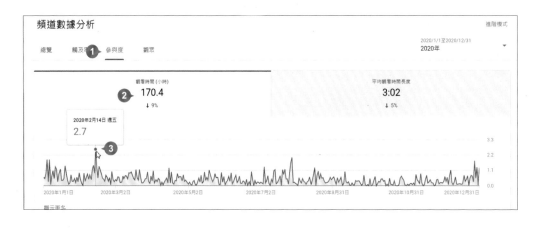

02 藉由下方 **熱門影片** 資訊卡，得知此頻道最受觀眾喜歡的前五名影片；**觀看時間最長的播放清單** 資訊卡，得知最多人觀看的播放清單。這二份數據中若有相同的主題同時上榜，也可考慮針對該類型製作一系列的影片。

03 於 **參與度** 報表 **觀看時間 (小時)** 項目，選按 **顯示更多**。

04 進入數據分析總覽 **影片** 報表，上方區塊預設會呈現 **觀看時間 (小時)** 趨勢圖表，將滑鼠指標移至圖表各個時間點上，可得知該時間點觀眾觀看時間最長的前五名影片，並標註了影片名稱與個別觀看時間。

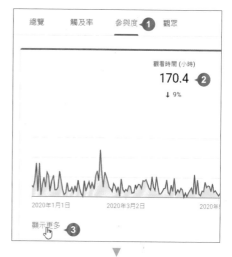

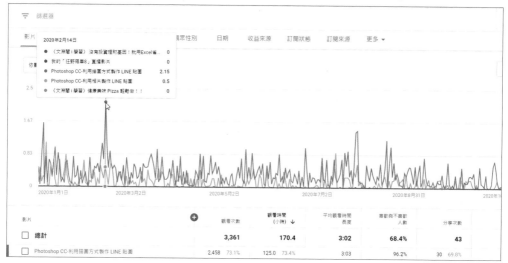

影片		觀看次數	觀看時間 (小時) ↓	平均觀看時間長度	喜歡與不喜歡人數	分享次數
☐ 總計		**3,361**	**170.4**	**3:02**	**68.4%**	**43**
☐ Photoshop CC-利用描圖方式製作 LINE 貼圖		2,458 73.1%	125.0 73.4%	3:03	96.2%	30 69.8%

小提示

數據分析名詞說明

- **觀看時間(小時)**：觀眾觀看影片的時間長度。從中可看出哪些是觀眾停留時間較長的影片，哪些是點開就懶得再看的影片。

- **平均觀看時間長度**：於指定日期範圍中，每次觀看的平均時間估計值(以分鐘為單位)。

05 下方表格數據依各影片 **觀看時間(小時)** 指標的值由多到少排序,因此可以掌握觀看時間較多的前幾部影片狀況,指標右方的百分比是和整體影片相比,可以了解各部影片所佔比例。核選任一影片項目或想要互相比較的影片項目,上方圖表會顯示核選影片的趨勢圖。

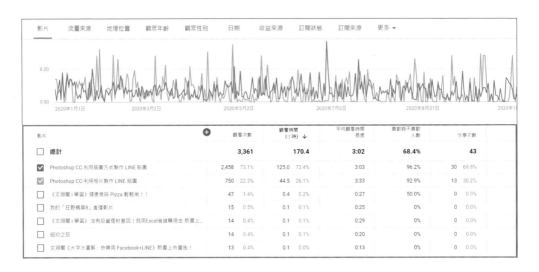

06 於圖表主要指標選按 ⊙ ,可於清單中切換 **觀看次數、觀看時間 (小時)、平均觀看時間長度、喜歡與不喜歡人數、分享次數**,透過更多數據資料了解觀眾喜好。(選按畫面右上角 ✕ ,可回到頻道數據分析主畫面。)

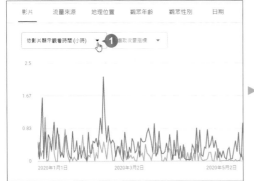

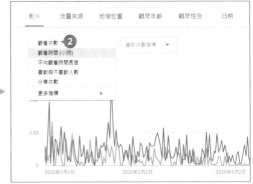

71 誰在觀看我的影片

觀眾 報表中，YouTube **數據分析** 工具以有登入的使用者為對象，統計其年齡、性別和所在位置...等資訊，讓你了解觀眾的組成並藉以分析觀眾的行為模式，量身打造合適的影片，培養忠實支持者！

01 於頻道數據分析主畫面 **觀眾** 報表，**年齡層、性別** 資訊卡得知此頻道的觀眾大部分是 25-54 歲的男性。如果想要持續吸引核心客群，頻道的創作重點與風格可考量放在這個客群有興趣的主題上。

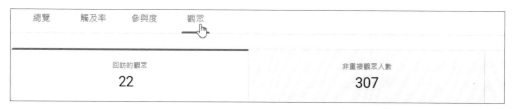

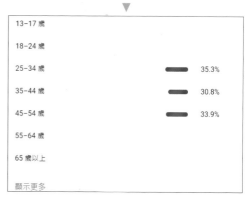

02 藉由 **熱門地區** 資訊卡，可以得知你的觀眾群分佈在哪個國家，影片內容即可針對該國家加上所屬的語系字幕。

03 於 **年齡層和性別** 資訊卡下方選按 **顯示更多**。

進入 **依年齡和性別區分的觀眾資料** 報表,會依頻道中觀眾年齡層,區分男性與女性在 **觀看次數**、**觀看時間(小時)** 的相關數據,讓你更了解觀眾群在各年齡層與性別上觀看次數與時間長度的差異。

13–17 歲		
18–24 歲		
25–34 歲	▬▬	35.3%
35–44 歲	▬	30.8%
45–54 歲	▬	33.9%
55–64 歲		
65 歲以上		
顯示更多		

▼

觀眾年齡	觀看次數		觀看時間 (小時)	
	女性	男性	女性	男性
總計	**36.8%**	**63.2%**	**36.8%**	**63.2%**
13–17 歲	–	–	–	–
18–24 歲	–	–	–	–
25–34 歲	12.5%	38.1%	18.3%	42.3%
35–44 歲	9.8%	22.3%	3.6%	18.5%
45–54 歲	14.5%	2.8%	14.9%	2.4%

04 於 **熱門地區** 資訊卡下方選按 **顯示更多**,分別選按數據分析總覽 **地理位置**、**觀眾性別** 報表,透過下方表格數據了解各國觀眾與男、女性觀眾在指定日期範圍內觀看次數、時間長度的差異。(選按畫面右上角 ✕,可回到頻道數據分析主畫面。)

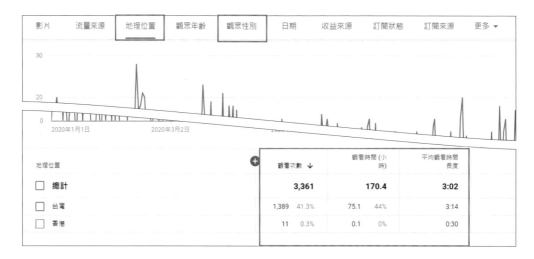

| 影片 流量來源 **地理位置** 觀眾年齡 **觀眾性別** 日期 收益來源 訂閱狀態 訂閱來源 更多 ▾ |

地理位置	觀看次數 ↓		觀看時間 (小時)		平均觀看時間長度
總計	3,361		170.4		3:02
台灣	1,389	41.3%	75.1	44%	3:14
香港	11	0.3%	0.1	0%	0:30

72 觀眾如何找到我的影片

觸及率 報表中分析曝光次數和觀看時間相對數據、流量來源與流量來源類型，能得知觀眾是如何找到你的影片，也可了解影片標題和縮圖的曝光成效高低，進一步利用這些資訊來制定頻道的內容策略、提高曝光次數贏得更多商機。

於頻道數據分析主畫面 **觸及率** 報表上方，可以看到指定日期範圍內 **曝光次數、曝光點閱率、觀看次數、非重複觀眾人數** 的統計數值，將滑鼠指標移至圖表上方還可看到這段時期每日曝光次數。

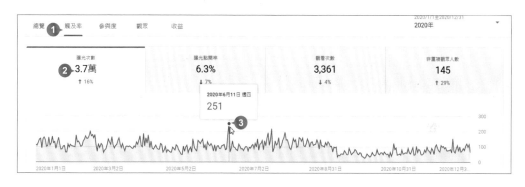

小提示

數據分析名詞說明

- **曝光次數**：該部影片縮圖在 YouTube 的曝光次數，不包括在外部網站上或應用程式中的曝光次數。

- **曝光點閱率**：觀眾看到縮圖後選按影片收看的頻率。

- **觀看次數**：你的頻道或影片的有效觀看次數。

- **非重複觀眾人數**：觀看過你的影片的預估觀眾人數。(只會列出在最多 90 天時間範圍內不重複觀眾總數)

查看各流量來源

想知道觀眾是透過哪些網站和 YouTube 管道找到你的影片，可以從流量來分析，流量來源可分為二大類：來自 YouTube 內部的觀看時間與觀看次數，包括：YouTube 搜尋、建議的影片、播放清單、結束畫面、頻道頁面...等管道；以及從外部來源獲得的觀看時間與觀看次數。(選按下方各資訊卡名稱可以進入數據分析總覽查看所有來源與更多資料)

01 藉由 **流量來源類型** 資訊卡，可得知觀眾是透過哪些管道找到你的影片，從前五名的佔比了解頻道的行銷主力。

02 藉由 **流量來源：外部** 資訊卡，可得知有哪些網站和應用程式嵌入或連結至你的影片，另一方面也可了解觀眾是透過哪些外部來源找到你的影片。

03 藉由 **流量來源：建議的影片** 資訊卡，得知觀眾是透過影片旁或影片結束顯示的推薦影片清單，觀看了你的影片的佔比。**流量來源：播放清單** 資訊卡，得知你建立的播放清單之中 (包括你自己與其他使用者影片的播放清單)，成效最佳的清單。

查看曝光次數、來源及點閱率

上傳新影片之後，YouTube 會透過：搜尋、YouTube 首頁、YouTube 動態消息、影片播放器右側的即將播放清單...等，以縮圖向相關的觀眾推薦你的影片，這即是你的免費曝光機會。

想知道你的影片在 YouTube 獲得的曝光次數，以及曝光次數與觀看時間之間的關聯可以從以下資訊卡分析。

01 藉由 **曝光次數和對觀看時間的影響** 資訊卡，漏斗圖顯示了觀眾在 YouTube 中看見你的影片縮圖的次數 (也就是 **曝光次數**)、觀眾看見縮圖後收看影片的頻率 (也就是 **點閱率**)，以及這類觀看行為最終產生了多少觀看次數與時間。(非經由曝光產生的觀看次數與觀看時間，不會計入這份報表)

02 將滑鼠指標移至 **曝光次數** ⓘ 上，即可了解觀眾是在 YouTube 中的哪些來源看見你的影片縮圖，以及各個來源佔比。

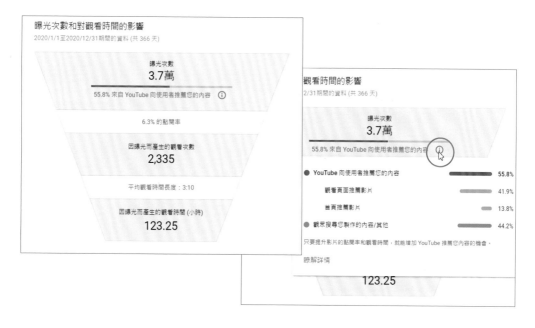

73 提升曝光次數與點閱率

影片一上傳，忠實觀眾的點擊會令曝光次數瞬間大幅上升，過一段時間則會開始下滑，這時才真正開始考驗你的人氣。在 YouTube 中如果想要提高縮圖曝光次數與點閱率，最直接的方式就是持續製作觀眾喜愛的優質影片！

01 於 **觸及率** 報表 **曝光次數** 項目，選按 **顯示更多**。

02 進入數據分析總覽 **影片** 報表，上方區塊預設會呈現 **曝光次數** 趨勢圖表，將滑鼠指標移至圖表各個時間點，可以看到該時間點曝光次數最多的前五名影片，並標註了影片名稱與個別的曝光次數。

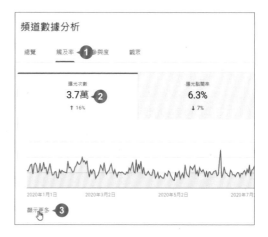

03 下方表格數據中，建議針對曝光次數最多或最少的幾部影片，比對共同點、特定主題或格式，就可以了解是什麼影響了觀眾喜愛度與成效。

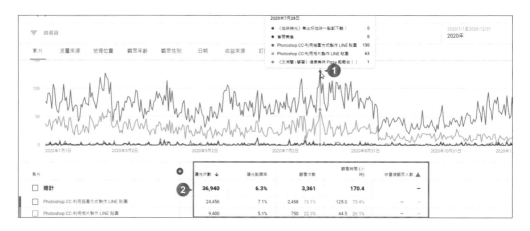

除了要看 **曝光點閱率** 還要搭配 **平均觀看時間長度** 數值資料，才可以了解觀眾在看見縮圖並點擊之後，花多長時間觀賞影片。

01 於 **觸及率** 報表 **曝光次數** 項目，選按 **顯示更多**。

02 下方表格數據中，預設沒有 **平均觀看時間長度** 數值資料，選按 ⊕ \ **總覽 \ 平均觀看時間長度**，即可加入該欄位數值資料。

- **曝光點閱率** 較高、**平均觀看時間長度** 較短：表示該影片縮圖可能誤導了觀眾，點擊觀看後發現不符預期就離開了。

- **曝光點閱率** 較低、**平均觀看時間長度** 較長：表示影片縮圖或標題無法吸引觀眾點擊觀看，然而原有觀眾則是持續透過訂閱通知或其他非縮圖管道點擊觀看。想要吸引新的觀眾就要調整縮圖設計，透過曝光流量來源分析調整適合的行銷方式。

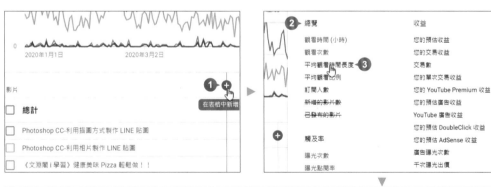

影片 ⊕	平均觀看時間長度	曝光次數 ↓	曝光點閱率	觀看次數
總計	**3:02**	**36,940**	**6.3%**	**3,36**
Photoshop CC-利用描圖方式製作 LINE 貼圖	3:03	24,456	7.1%	2,458 73.1%
Photoshop CC-利用相片製作 LINE 貼圖	3:33	9,400	5.1%	750 22.3%
《文淵閣 i 學習》健康美味 Pizza 輕鬆做！！	0:27	626	6.2%	47 1.4%
首爾美食	0:18	322	2.2%	9 0.3%

75 觀眾用哪些關鍵字找到你的影片

已經調整了影片內容標題和說明，為什麼影片的排名仍然沒有起色？YouTube 的 **搜尋** 功能類似 Google 搜尋引擎，當觀眾輸入想搜尋的字詞，會依影片標題、說明資訊和內容相符程度顯示最相關的影片清單，因此了解觀眾在 YouTube 都是用什麼關鍵字搜尋十分重要。

01 於頻道數據分析主畫面 **觸及率** 報表，藉由下方的 **流量來源：YouTube 搜尋** 資訊卡，得知觀眾用什麼關鍵字找到你的頻道。

02 於 **流量來源：YouTube 搜尋** 資訊卡下方選按 **顯示更多**。進入數據分析總覽 **流量來源** 報表，從下方表格數據了解更多數據資料。

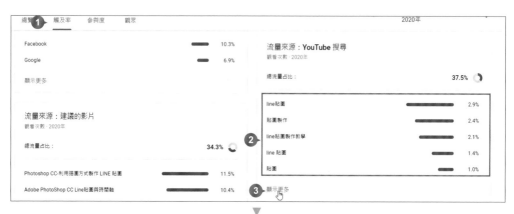

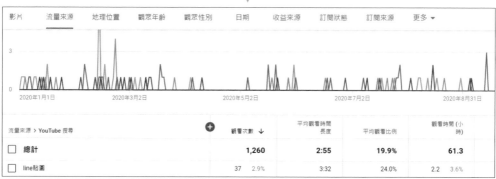

小提示

了解搜尋趨勢，思考新的影片構想！

除了要了解原有的影片主題、走向是否正確，也別忘了開發過
去你忽略的觀眾群，透過 **Google 搜尋趨勢** https://trends.google.com.tw/
trends/explore，可以查看 YouTube 搜尋熱門主題與關鍵字，或 YouTube
人氣竄升主題與關鍵字，運用這些資訊思考新的影片主題與構想。

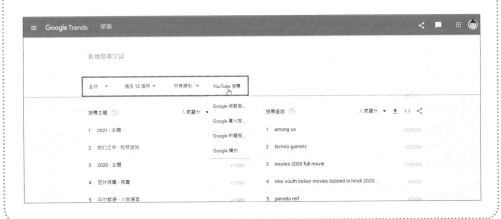

直播結束後，YouTube **數據分析** 會在 48 到 72 小時內提供該部直播影片的相關數據資料。和一般上傳的影片一樣，可查看該部直播影片的 **觀看時間**、**觀眾續看率**、**觸及觀眾**、**播放位置**...等報表，評估直播可以為你的頻道帶來什麼效益。

直播影片數據分析

01 於 **YouTube 工作室**，選按左側 **內容**，再選按 **直播影片** 標籤。於直播影片清單中選按想要查看數據的直播影片。

02 選按 **數據分析**，進入該部直播影片專屬數據分析主畫面。

哪個時段有最多觀眾收看

於 **總覽** 報表 **同時線上觀眾人數** 資訊卡下方選按 **顯示更多**，進入其數據分析總覽報表。可掌握影片中各時間點有多少觀眾觀看的數據，可了解影片中哪些橋段最為吸引觀眾。(選按畫面右上角 ⊠，可回到影片數據分析主畫面。)

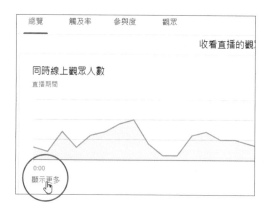

有多少觀眾看完整場直播

於 **總覽** 報表 **與觀眾續看率相關的重要片段** 資訊卡下方選按 **顯示更多**，進入其數據分析總覽報表。

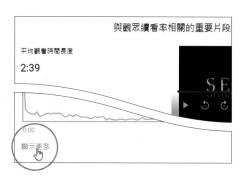

觀眾續看率 掌握了影片中各時間點的收視資料，可知道有多少觀眾看完整場直播。將滑鼠指標移至圖表上方可得知影片各時間段有多少觀眾持續觀看。圖表中的曲線如果呈現平坦狀態，表示觀眾從頭到尾看完該片段；曲線逐步下滑表示觀眾的注意力逐漸無法集中。(選按畫面右上角 ✕，可回到影片數據分析主畫面。)

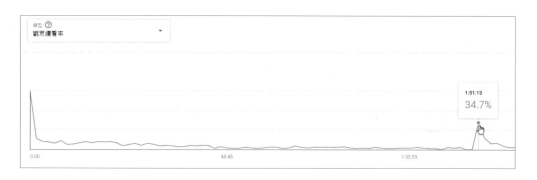

直播一週後觀看時間有何變化

直播一週後於 **總覽** 報表，選按 **觀看次數、觀看時間、訂閱人數**...等標籤，可查看時間的變化與影片發布至今累積的各項高峰點。

觀眾是透過哪些途徑接觸到你的影片

於 **觸及率** 報表，可以查看 **曝光次數、曝光點閱率、觀看次數、非重複觀眾人數**...等數據資料，比較不同來源的觀眾平均觀看時間長度，看看哪些來源的觀眾支持度比較高。(選按各資訊卡下方的 **顯示更多** 可以查看更多資料)

查看某部影片的數據分析資料

頻道數據分析主畫面中各個報表數據是針對 "你的頻道" 整體分析，如果想要查看某部影片的曝光次數、觀看次數、流量來源、YouTube 搜尋關鍵字詞...等，就需要進入該部影片的數據分析總覽查看。

01 於頻道數據分析主畫面 **總覽** 報表中的 **您在這段期間中的熱門影片** 資訊卡，會在指定的日期範圍內，列出觀看次數最多的前十名影片。

	總覽	觸及率	參與度	觀眾		
			您在這段期間中的熱門影片			
影片					平均觀看時間長度	觀看次數
1		Photoshop CC-利用描圖方式製作 LINE 貼圖 2018年12月22日			3:03 (19.6%)	2,458
2		Photoshop CC-利用相片製作 LINE 貼圖 2018年12月22日			3:33 (30.0%)	750
3		《文淵閣 i 學習》健康美味 Pizza 輕輕做！！ 2018年12月25日			0:27 (48.0%)	47

02 若想要查看的影片沒有在 **您在這段期間中的熱門影片** 資訊卡清單中，於下方選按 **顯示更多**。進入數據分析總覽 **影片** 報表，下方表格會列出你的頻道中所有的影片。

	總覽	觸及率	參與度	觀眾
8		新書廣告3 2018年12月12日		
9		首爾美食 2018年12月22日		
10		競速快感2 2018年12月22日		

顯示更多

將滑鼠指標移至各影片名稱上，選按 📊 即可進入該部影片專屬的數據分析畫面。

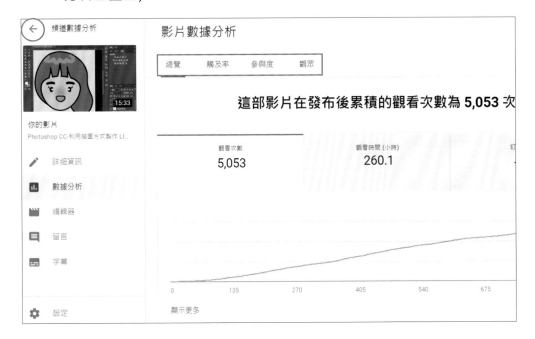

於影片數據分析畫面，上方同樣會出現 **總覽、觸及率、參與度、觀眾**
報表。(瀏覽後選按影片數據分析主畫面上方的 ←，可回到頻道數據分析主畫面)

78 比較相似的影片

YouTube **數據分析** 工具能讓你同時分析指定的多部影片，將類型相似的影片編排在同一群組，即可分析相關資料。

01 於頻道數據分析主畫面 **總覽** 報表選按 **顯示更多**，進入數據分析總覽，選按頻道名稱搜尋欄位，再選按 **群組 \ 建立群組**。

02 於 **群組名稱** 欄位輸入名稱，再於下方核選要加入群組的影片，最後選按 **儲存**。

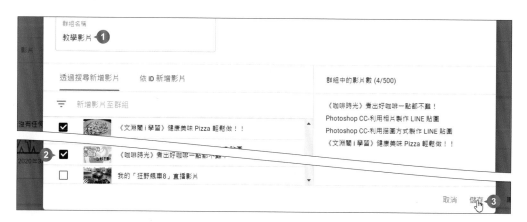

03 於 **群組** 標籤可看到已出現剛剛命名的群組項目,選按該項目可進入這個群組專屬的數據分析總覽。

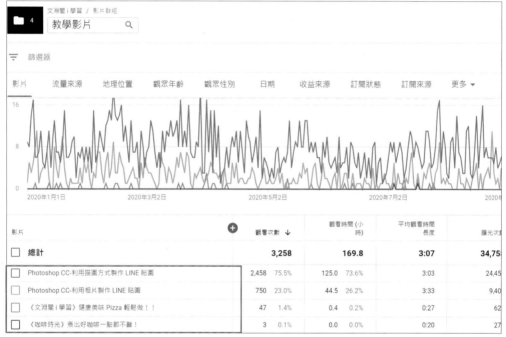

04 若要回到整個頻道的數據分析總覽,可以選按畫面右上角 ⊗ 返回頻道數據分析主畫面。

79 從 YouTube 數據分析中匯出資料

於 YouTube **數據分析** 的數據分析總覽中，不論是查看整個頻道或單部影片，都可以匯出相關資料，方便更進一步的數據分析。

01 於頻道數據分析主畫面 **總覽** 報表選按 **顯示更多**，進入數據分析總覽想要分析的主題畫面，選按右上角 ⬇️，就可選擇將該主題內容匯出為 **Google 試算表** 或 **逗號分隔值檔案 (.csv)**。

02 匯出 **Google 試算表** 時，於視窗下方出現：**系統正在產生試算表，結果將於新分頁中開啟** 訊息，接著即會開啟該主題內容 Google 試算表。

➕	觀看次數 ↓	觀看時間 (小時)	訂閱人數	您的預估收益	曝光次數	曝
	3,361	系統正在產生試算表，結果將於新分頁中開啟		$0.00	36,940	

▽

影片 2020-01-01_2021-01-01 文淵閣 i 學習 ☆ 🗁 ☁

檔案 編輯 查看 插入 格式 資料 工具 外掛程式 說明　　上次編輯是在數秒前

↶ ↷ 🖶 ꟳ | 100% ▾ | NT$ % .0 .00 123 ▾ | 預設 (Arial) ▾ | 10 ▾ | B I ꞩ A | ♦. ⊞ ⊟ ▾ | ☰ ▾ |

A1 ▾ | fx | 影片

	A	B	C	D	E	F	G	H
1	影片	影片標題	影片發布時間	觀看次	觀看時間 (/	訂閱人	您的預估收益 (l	曝光次
2	總計			3361	170.3527	38	0	36940
3	o8d_QNo0Idg	Photoshop CC-利用描圖方式製作 LINE 貼圖	Dec 22, 2018	2458	124.9839	18	0	24456
4	wH6haVhRau0	Photoshop CC-利用相片製作 LINE 貼圖	Dec 22, 2018	750	44.4533	13	0	9400
5	z27I6JdXN0U	《文淵閣 i 學習》健康美味 Pizza 輕鬆做！！	Dec 25, 2018	47	0.3637	0	0	626
6	ew-McIV0ahY	我的「狂野飆車8」直播影片	Dec 18, 2018	15	0.1053	0	0	108
7	Gi9M42mH-rM	《文淵閣 i 學習》沒有投資理財基因！就用Excel	Dec 5, 2018	14	0.1156	0	0	234
8	px3tojca62Q	紐約之旅	Dec 27, 2018	14	0.0783	0	0	239
9	yaZWVIIr-1E	文淵閣《大字大圖解：快樂用 Facebook+LINE》	Dec 11, 2018	13	0.0502	0	0	257
10	JOw-Jrl0f5s	新書廣告3	Dec 12, 2018	11	0.0358	0	0	164
11	bsbBmA-hiEk	首爾美食	Dec 22, 2018	9	0.047	0	0	322
12	A0PYhZE71Kc	競速快感2	Dec 22, 2018	6	0.0349	0	0	235

Part

8

提升曝光度與搜尋排名
創造更高訂閱率

平均每分鐘 YouTube 新增的影片長度高達 500 小時，在這
樣海量的影音作品中，該怎麼讓自己的影片脫穎而出？利用
有效的廣告與各種小技巧提升曝光度與搜尋排名，吸引觀眾
目光創造高訂閱率！

頻道曝光秘技

用心製作影的片最重要還是讓觀眾看得到，才能增加頻道的人氣與訂閱數。如果想吸引觀眾目光，以下幾點是可提升頻道或影片曝光度的技巧：

讓人感興趣的影片標題

好的影片標題是吸引觀眾的第一道門檻，讓觀眾第一眼就能知道影片的內容。影片標題命名需注意以下幾點：

▶ **簡單扼要**：觀眾停留在網頁的時間實在很短，影片標題太長或超出畫面範圍，即無法一眼辨識標題內容，可以在標題使用括號，像（ ）、【 】，標註重點或系列名稱，雖然標題字數上限是 100 字，但還是要考慮觀眾閱讀速度、時間，與不同的顯示裝置。

▶ **包含重點流行關鍵字**：標題要能明確的點出影片內容，更別忘了把關鍵字融入標題中。

用縮圖提高點閱率

影片上傳後，可選擇 YouTube 自動擷取的圖片，或是自己上傳的圖片做為影片縮圖，只是如何讓自己的影片縮圖在一整頁的縮圖中脫穎而出、搏得觀眾青睞？需注意以下幾點：

▶ **清晰的圖片**：如果縮圖太過模糊或雜亂，觀眾可能會覺得影片的畫質不佳，降低觀看的意願。

▶ **適當的大小**：縮圖是 YouTube 播放器在各種裝置呈現的預覽圖，會隨著裝置尺寸縮放，所以要確認縮圖在行動裝置和電腦上是否都能有好的效果，建議尺寸為 1280×720 像素 (16:9) (寬度至少 640 像素)，.JPG、.GIF、.PNG 檔案格式，盡可能製作較高的解析度，但檔案大小不超過 2MB。

▶ **字體、色彩及有趣表情**：縮圖最好顏色鮮明、對比度高，過於複雜或充滿小細節的圖片比較不適合；字體最好選用粗體字，即使圖片縮小也不會影響辨識；略為誇張或有趣的表情、動作也是加分的重點。

標題、縮圖必須與你的影片內容相呼應，如果為了吸引注意而使用與影片內容不符、誇大的標題或縮圖，可能會引起觀眾的反感，廣告客戶也可以選擇排除與他們品牌形象不符的特定字詞和關鍵字。

在 **YouTube 工作室 \ 數據分析** 中，如果影片縮圖點閱率高，但平均觀看時間卻很低，那就可能是標題縮圖過於誇大，內容不如觀眾預期，這樣的情況如果一再發生，就會導致 YouTube 推薦該影片的曝光次數愈來愈低。(可參 P7-17 數據分析說明)

建立頻道形象

詳細撰寫頻道的簡介，除了清楚描述頻道內容，最好還能有故事性，才能吸引目標觀眾駐足。另外整合頻道的視覺識別，包括顏色、背景、商標、封面橫幅圖片、大頭貼圖片…等，藉此營造出整體形象，才可以讓觀眾一眼就認出品牌並產生熟悉感，提高頻道訂閱的機率。

設計頻道首頁

善用頻道首頁版面設定，透過播放清單或主題性...等影片內容擺放方式引導觀眾的觀看行為，或是將你希望推薦的影片，以精選影片模式放到頻道首頁最上方，不僅能加強觀眾對你頻道影片的印象，還可以吸引潛在和初次造訪的觀眾。

維持頻道的新鮮感

拍攝期間，可以考慮一次製作多部影片，可能是續集或是不同類型的主題，方便之後陸續發布。拍攝的同時，也可以側拍或剪接 NG 片段、幕後花絮...等，之後再重新包裝這些內容，以另外的短片上傳，不但可以維持頻道的新鮮感，又可以減少發想影片主題的壓力。

固定上傳影片或直播的時間

如果能在固定的時間上傳影片或直播，觀眾們就會產生期待的心理，也會自然養成定期觀看的習慣。

▶ **定期發布新影片**：盡量維持一致的上傳頻率與時間 (例如每週四晚上九點)，上傳影片太頻繁也會讓自己手忙腳亂，反而無法提供好的影片品質，如果無法在固定時間上傳影片，也要先行預告。

▶ **宣傳影片固定發布的時間**：除了可以在影片中提示影片固定發布的時間，也可以在影片說明、頻道宣傳短片和頻道簡介專區中加入相關資訊。

▶ **觀眾或影片型態決定發佈時間**：影片上傳之後，可以透過頻道數據分析了解訂閱的觀眾類型、引起觀眾興趣的影片、觀看的時間點...等，決定影片固定上傳的時間，讓上傳的影片在最短時間內被更多人看到。

提高與觀眾互動程度

若無法定期推出新的影片，可透過以下幾種方法與觀眾保持良好互動：

▶ **主動留言**：可以對自己的影片留言，像是影片花絮或是內心有趣的 OS，都可以吸引觀眾瀏覽並提升與你的互動。

▶ **回覆觀眾的留言**：回覆觀眾的留言，不一定都是文字，送出愛心或圖示也可以，讓留言者感到窩心與被重視，之後也會提高觀眾回來觀看影片的意願甚至留言。

與觀眾的互動方式包括：觀看、觀眾喜歡/不喜歡、分享、留言...等，依據統計，YouTube 較在意觀眾的回訪率，搜尋結果裡排列第一位的影片，其觀看次數不一定是最高的，很可能是短時間內有相對有較多的人次瀏覽、留言、分享，提高了觀眾回訪率，因此適當的與觀眾互動回應是很重要的。

除了留言互動，另一種方式是可以請觀眾提出他們想問的問題或想看的主題，可以從中找出靈感製作新影片，不僅可以一次回答較常遇到的問題，也增加觀眾的參與感，讓他們更願意積極參與互動，創作者也能藉此更了解觀眾的喜好。

用首播提高曝光與互動

YouTube **首播** 功能會為新影片自動建立一個公開的活動頁面，讓粉絲與你一同即時觀賞，還可打開聊天室，粉絲能夠與創作者即時互動。**首播** 是一個可提升新影片話題性的活動，但要依影片主題適當搭配，過度使用反而會使粉絲失去新鮮感與互動的意願。(可參考 P4-47 **首播** 功能設定詳細說明)

保持活躍成為受歡迎的 YouTuber

關注和你影片類型相關的領域，看到其他 YouTuber 不錯的影片，也可以留下評論、按讚或轉貼分享，透過這些方式與更多同好者交流、互動，並與大家分享你的頻道與影片。

製作播放清單

製作 YouTube 播放清單能讓觀眾更容易找到、分享影片，因為比起單一影片，清單裡的影片更有機會被搜尋到，冷門影片與熱門影片放在同一個清單中，也可以增加冷門影片被看到的機會。

與其他頻道合作

利用節慶或特殊主題，邀請同類型或不同類型的 YouTuber 們一起合作，互相在影片中加上彼此的資訊卡、連結或活動內容，讓雙方觀眾都可以看到各自的資訊，除了可以交叉宣傳，還可以拓展不同領域的觀看族群。

在不同的平台貼上自己的 YouTube 連結

在其他社群平台，如 FB、IG 或 Email 簽名檔，或其他網站相關議題中適當的留言、回覆並加上 YouTube 頻道或影片連結，讓更多人看到你的影片。

81 提升影片在 YouTube 搜尋的排名

YouTube 搜尋引擎特別擅長語音辨識與圖像判讀...等技術，除了影片內容拍的好，優化影片資訊也是決定性的因素。如果想要提升搜尋排名，可參考以下幾個方法：

▶ **合適的影片檔案名稱**：上傳檔案前先檢視確認影片檔名，要包含關鍵字，不要隨意以預設或不相干名稱命名，讓 YouTube 能辨別檔案內容與搜尋相關性。

▶ **影片基本資料很重要**：完整輸入影片的名稱、標題、描述、標籤...等基本資料，有助於 YouTube 連結資料內容和搜尋關鍵字之間的相關性，也能讓觀眾一眼就看出你的影片內容是否符合他們的需求。

如果是產品開箱或測試影片，儘可能加入產品型號、序號、品牌名稱、產品名稱、規格…等訊息。

▶ **關鍵字鎖定目標客群**：利用 YouTube 的頻道數據分析，觀察觀眾透過哪些關鍵字找到你的影片，將最有效的關鍵字運用在影片標題、描述與標籤...等這些最主要的排名依據，藉此提升搜尋結果中的排名。另外還可以利用 Google Trends、網路溫度計 (dailyview.tw)、Keyword Tool (keywordtool.io) 或 Google Ads 提供的 "關鍵字規劃工具"...等工具，查找目前當紅的關鍵字。

▶ **上傳字幕**：字幕可以方便觀眾快速了解影片內容，也可以藉由語系設定拓展不同觀眾族群，字幕內容也會列入搜尋引擎的依據，若能有效運用，就能增加影片在 Google 網站搜尋與影片搜尋中的能見度及搜尋次數。

82 與其他 YouTuber 合作

人人都可以是 YouTuber,然而獲得流量一直是個困難的課題,光靠單打獨鬥實在很難勝出,與其他 YouTuber 合作不但能帶給觀眾新鮮感,也可導引彼此的流量,發揮 1 + 1 > 2 的效應。在與其他 YouTuber 合作之前,最好先分析一下雙方頻道的定位、觀眾群與競爭對手,根據往年 YouTuber 的合作數據顯示,彼此的觀眾性別、年齡互補,是影響 YouTuber 合作成效的重要關鍵。

頻道定位

▶ 頻道影片主題 (例如:美妝、開箱、遊戲、教學...等)

▶ 頻道優勢與弱點 (例如:有相關背景具說服力、顏值很高、喜歡毛小孩、個性內向、本身有正職無法常更新上傳影片...等)

觀眾屬性

▶ 觀眾年紀、性別、語系

▶ 觀眾喜好、忌諱

競爭對手

▶ 競爭頻道的主題定位、觀眾年紀、性別

▶ 競爭頻道優勢與弱點

知己知彼,在了解自己頻道的定位後,尋找能互相加分的合作夥伴就會更容易了。

83 社群媒體互相分享串連

依據目前統計，台灣的社群媒體平台使用率第一名是 FB，每個月的活躍用戶超過 1800 萬，觀眾年齡層大約落在 25 ~ 34 歲，男性女性用戶數差不多。而愈來愈多小編在經營的 IG，每個月在台灣約有 730 萬用戶，觀眾年齡層是較年輕的 18 ~ 34 歲，女性略多於男性。

如果你之前已經經營了社群平台，並擁有一些觀眾數，當你在 YouTube 頻道上傳影片後，除了可以利用該平台分享貼文、張貼影片連結，讓原有觀眾轉移到 YouTube 頻道，也可以利用預告或多剪 1~2 個精彩片段的方式，連結到你的 YouTube 頻道。

重要的是，讓另一個平台的觀眾漸漸習慣你的運作模式，不同的平台有不同的限制與優勢，例如請觀眾張貼相片或轉發貼文互動可以利用 FB，想用文字標籤 (#Tag) 搭配相片說的事就可以用 IG，其他社群媒體，像是 LINE、Twitter、抖音、微信...等，都可以在了解各個平台優劣之後相互串連分享，以達到最大的曝光效益。

84　用廣告宣傳你的頻道與影片

YouTube 每個月有超過 20 億名登入使用者造訪，使用者每天觀看影片的總時數突破十億小時。如要提升頻道的觀看次數與訂閱人數，可以考慮透過 Google Ads 為你的 YouTube 影片放送付費廣告活動。

只要開設 YouTube 帳戶並上傳影片，就能透過 Google Ads 在 YouTube 上播放廣告 (參考 P8-14 說明)，在相關影片片頭、影片旁或搜尋結果顯示廣告，只有你指定的對象會看到你的影片廣告，並在獲得成效時才需要付費。使用 YouTube 播放廣告還有以下好處：

▶ **可指定廣告目標對象**：依地區、主題、關鍵字或客層 (例如：台灣 40 歲以下使用 Android 手機的男性) 指定目標客群。

▶ **快速建立廣告活動**：只要建立帳戶、製作或上傳影片廣告，並選擇要接觸的目標對象就可以開始播放廣告。

▶ **廣告無國界**：無論身在何處、使用何種裝置都可以透過 YouTube 看到你的廣告，向全世界訴說故事。

▶ **自我評估成效**：以 Google Ads 帳戶追蹤觀看次數、成本及預算明細，在 YouTube 帳戶中可以進一步瞭解你的觀眾，得知客戶觀看了哪些影片、看了多久。

在 YouTube 上播放廣告的三個步驟：

85 用不同比例的影片廣告吸引行動客戶

用 Google Ads 建立廣告前要知道的：一般 YouTube 的影片長寬比是 16:9，廣告的尺寸則是根據目標客群使用的裝置而定。

根據 Google 統計資料，觀眾透過行動裝置瀏覽影片的時間就超過 70%，如果想吸引這些觀眾群，廣告的比例可以製作為正方形或直向影片 (9:16)，這樣的比例會比橫向的廣告看起來更大，涵蓋更多的螢幕畫面。

以觀眾的習慣來說，影片播放一開始是以橫向顯示為主，所以設計廣告影片時應該避免將重要資訊放在影片頂端 10% 和底部 25%，因為最上方跟最下方是較容易遭裁剪或遮蔽的區域。

不同影片廣告比例在行動裝置中的顯示區域

86 把握片頭的黃金五秒

用 Google Ads 建立廣告前要知道，如果觀眾觀看影片時，該影片中指定放送的廣告類型為 **可略過的影片廣告**，觀眾開始觀看影片前必須看完 5 秒的廣告後，才可以選按 **略過廣告**，所以如何妥善運用這重要的 5 秒廣告，讓觀眾願意

繼續觀看，或短時間內達到廣告宣傳效益是非常重要的課題。

短短的 5 秒可能不足以呈現完整的廣告內容，但建議廣告影片前 5 秒一定要出現：一則訊息及一個重點 (產品) 圖像，並使用品牌慣用的顏色和字型。依廣告的訴求，構思吸引人的產品關鍵句、新商品上市日期...等，形像具體且明確的內容才能讓人印象深刻。

87 Google Ads 廣告設定方法

想要讓頻道快速成長、觸及更多觀眾，可試著將預算放入 YouTube 廣告，投放廣告就要從 Google Ads 廣告活動的建立開始。

01 開啟瀏覽器連結至「https://ads.google.com/」，選按 **立即開始**，再選按 **全新的 GOOGLE ADS 帳戶**。

02 於 **您主要的廣告目標是什麼** 畫面下方選按 **切換至專家模式**。

03 依廣告活動訴求選擇合適目標：Google 會依照你選擇的目標給予相關建議，在此選按 **不依據任何目標建立廣告活動**，可以依照自己的需求建立廣告。

小提示

已建立活動的帳戶

如果帳戶之前已經建立過廣告活動，當你進入 Google Ads 畫面時，會顯示 **所有廣告活動** 畫面，可於 **總覽** 選按 **+ 新增廣告活動**，就會進入上方步驟的畫面。

04 選擇合適的廣告活動類型與活動子類型：在此選按 **影片**，再核選 **自訂影片廣告活動**，接著選按 **繼續**。

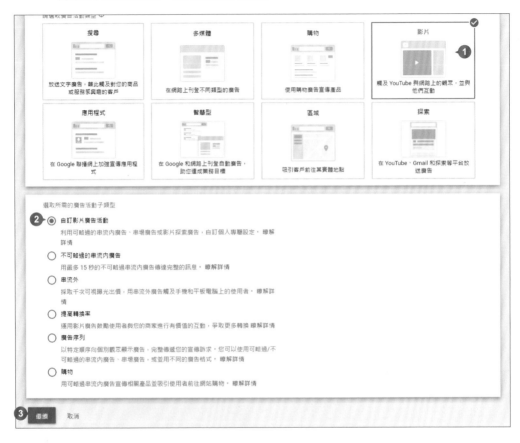

05 為廣告活動命名與選擇出價策略：輸入 **廣告活動名稱** 後，在 **出價策略** 選按 **最高單次收視出價** (願意為每次廣告收視支付的最高費用，出價方式可參考下個 Tip 的詳細說明)。

類型：影片廣告活動	
廣告活動名稱	❶ FB+IG+LINE社群經營與行銷力
	34/128
出價策略	❷ 最高單次收視出價

06 設定 **輸入預算類型和金額、開始日期、結束日期**，設定完成後會顯示廣告活動總天數與每日平均金額。

07 設定 **地區**：核選合適地區 (或核選 **輸入其他地區**，於 🔍 欄位輸入國家名，再於搜尋清單中合適項目右側選按 **目標**)。接著設定 **語言**：選按 🔍 並核選合適語系。

08 於 **內容排除條件** 可設定廣告空間類型、已排除的類型與標籤，完成後選按 **其他設定**。

09 依目標客群指定 **裝置**，設定 **展示頻率上限** 與 **廣告時段**。

へ 其他設定			
轉換	為您的帳戶設定轉換追蹤，以追蹤對您來說重要的動作		
裝置	裝置專用指定目標 **1**		
展示頻率上限	無 **2**		
廣告時段	每天 ▼ 6:00 下午 至 12:00 上午 **3**		如要限制廣告放送時間，請使用廣告時段設定，請記住，您的廣告只

10 依目標客群設定：於 **建立廣告群組** 輸入 **廣告群組名稱**，設定要接觸的對象，包括：客層、關鍵字...等，以及 **最高單次收視出價**。

建立廣告群組 　　　　　　　　　　　　　　　　　　　　　　略過廣告群組與廣告製作程序 (

廣告群組名稱	**1** FB+IG+LINE社群經營與行銷力	
		34/255

使用者：您要接觸的對象
定出您的目標對象和/或客層

客層	不限性別、任何家長狀態、任何家庭收入、25 - 34 歲、35 - 44 歲
目標對象	任何目標對象

內容：您所需的廣告刊登位置
使用關鍵字、主題或刊登位置縮小幅及範圍

關鍵字	任何關鍵字
主題	不限主題
刊登位置	任何刊登位置

出價	最高單次收視出價	最高單次收視出價是指您為了爭取
	3 $　　　　　　100.00	使用者觀看影片廣告，而願意支付的最高金額。
	∨ 熱門內容出價調整幅度 ⑦	瞭解詳情

11 於 **建立影片廣告 \ 您的 YouTube 影片 \ Q** 欄位輸入要成為廣告的 YouTube 影片網址。(影片要先上傳至 YouTube 頻道才能做為廣告使用)

12 接著核選合適的 **影片廣告格式**，輸入 **最終到達網址** (是指按下廣告後開啟的網頁頁面，網頁內容需與廣告內容一致) 及 **廣告名稱**，最後選按 **製作廣告活動**。

13 若你使用的 Google 帳號為個人帳戶，會進入如下畫面：選按 ✓ 展開完整的廣告設定內容，確認無誤後選按 **前往廣告活動**，就完成廣告的建立。

小提示

機構帳戶與個人帳戶不同

若你使用的 Google 帳號為機構帳戶，會要求設定付款資訊，請依畫面要求完成資料輸入並提交，即可完成廣告建立。

小提示

已設定的廣告卻未放送？

廣告設定完成後，若在畫面最上方出現粉紅色的錯誤訊息通知，訊息中會告知還未放送廣告的原因，右方會出現相關解決方法按鈕，例如：帳戶無效就可選按 **重新啟用** 鈕、缺少帳單資料可選按 **修正問題** 鈕、尚未啟用廣告可選按 **瞭解詳情** 鈕...等，選按後可依照指示步驟儲存或更新相關資料以解決問題。

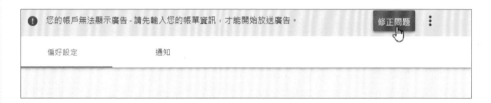

如果有一個以上的錯誤項目，可選按 ❗ 左側 〉切換下一個或 〈 切換上一個來查詢問題。

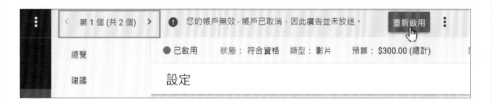

除了以上可能發生的情況，基本上，一定要先檢查廣告時間是否已開始、預算是否已核準，如果沒有出現錯誤訊息，或錯誤都已解決，但已設定開始的廣告卻還是沒有放送，可以於官方服務畫面「https://support.google.com/google-ads/troubleshooter/1711301」依指示步驟查詢其他原因，再一一排解。

```
🔒 support.google.com/google-ads/troubleshooter/1711301

        請在下方選擇您的問題：
        ○ 我剛才製作了廣告，但不確定是否正在放送。
        ○ 我之前看到過自己的廣告，但現在看不到。
        ○ 我的帳戶有顯示資料，因此我知道廣告正在放送，可是卻看不到廣告。
        ○ 我在行動裝置上看不到自己的廣告。
        ○ 我在任何 Google 多媒體廣告聯播網站上都看不到自己的多媒體廣告。
```

帳號無效重新啟用

如果是在畫面上方的粉紅色錯誤訊息看到重啟帳號的要求，
帳號有可能是你自行申請取消，或由於 Google Ads 帳戶已經閒置 (沒有
累積任何費用) 超過 15 個月，帳戶就會被系統自動取消。另外，如果是
由於刪除 Google 帳戶而導致 Google Ads 帳戶被取消，就必需先申請複
原 Google 帳戶才能再啟用 Google Ads 帳戶。(取消帳戶時，有效廣告
會全部被停止，在重新啟用帳戶後才會重新開始刊登，但之前暫停的廣告
或廣告活動要在你重新啟用後才會開始放送。)

這樣的狀況可選按 ❶ 右側 **重新啟
用** 鈕 (或是選按右上角 🔧 **工具與
設定 \ 偏好設定**)，進入 **偏號設定**
畫面。

接著選按 **帳號狀態** 右側 ☑ 開啟選項，再於下方 **選按重新啟動我的帳
號**，待 **帳戶狀態** 改為 **您的帳戶目前有效** 即完成重啟帳號。

88　Google Ads 廣告出價策略

Google Ads 廣告活動依不同廣告類型有不同的出價策略，如果廣告類型為**影片廣告活動**，常使用的出價方式可分為 **最高單次收視出價、目標千次曝光出價** 二種。

最高單次收視出價

最高單次收視出價 即為觀眾每次觀看廣告業主願意支付的最高金額，但實際支付的費用可能會低於出價，最後為每次觀看支付的費用，就稱為實際單次收視出價，只有在觀眾觀看廣告或選按進入網站時才需要付費。

如果廣告主要目標是希望提高網站或頻道流量，以及與觀眾的互動率，可以選擇這種出價方式。在觀眾觀看影片達 30 秒 (長度不到 30 秒的影片以看完為準)，或是與廣告互動 (二者取其先)，系統就會記錄一次觀看。

後續可以根據單次收視出價和影片廣告報表，評估影片內容對觀眾的吸引力、觀眾選擇在何處觀看影片，以及觀眾決定停止收看的時機。

在新增廣告活動時，**最高單次收視出價** 的出價金額是決定廣告能否贏得競價並向觀眾曝光的關鍵，可以依據收視價值與預算決定出價。

目標千次曝光出價

目標千次曝光出價 是只要系統評估 1,000 次有效曝光才需付費，設定願意為每千次廣告曝光支付的平均金額，系統會根據設定的目標千次曝光出價來調整，出價策略會判斷哪些廣告版位曝光的機會更大，依據此調整出價來爭取這些版面上的位置，如果想盡量提高廣告瀏覽量 (提升品牌意識而非點擊次數)，千次曝光出價是最能達到目標的方式。

系統判斷成功播放廣告的標準：廣告有一半的版面在畫面中顯示了 1 秒以上 (多媒體廣告) 或 2 秒以上 (影片廣告)，如果你要播放串場廣告 (影片長度不超過 6 秒，觀眾無法略過) 就要選擇這種出價方式。

出價方式比較

	最高單次收視出價	目標千次曝光出價
廣告目標	廣告點擊次數	廣告觀看次數
付款條件	每次觀看 (看 30 秒或看完) 每次點擊	每 1000 次可見曝光
金額設定	需支付足以讓排名高於次一名廣告客戶的出價。	需支付足以讓排名高於次一名廣告客戶的出價。 不需要為任何無效曝光付費。
優勢	較容易促成線上銷售或網站造訪。	只要贏得刊登位置，可以獨占整個廣告空間，更引人注目。
可用廣告格式	可略過的串流內廣告 影片探索廣告	可略過的串流內廣告 不可略過的串流內廣告 串場廣告 合併使用以上選項

出價的方式可以依廣告目的或預算設定，當成效不如預期時，或許可以分析上一個廣告活動，來改進下一個活動，試試不同的出價方式或調整目標客群，找到更適合推廣產品的方法。

89 改善成效不好的廣告

如果廣告播放了一陣子發現效果不太好，可以參考下面幾點改善方法：

▶ **縮短廣告的時間**：根據統計，較短的廣告常會有較高的收視表現，如果廣告影片可以在 20 秒內傳達完整的訊息，就不需要做到 25 秒。

▶ **廣告輪播**：可以試著用不同的廣告，傳達相同的訴求重點，避免觀眾產生疲乏感。

▶ **修正關鍵字**：一般關鍵字 (例如：餅乾、禮盒) 因為太籠統，效果可能不明顯，建議每個廣告使用 5 至多個關鍵字，而且必須與主題相符。

▶ **修改指定的目標客群**：一開始無法精準設定目標客群，可針對不同客群範圍測試，待廣告一段時間，透過 YouTube Analytics 相關統計數字重新分析。(客群範圍太窄，可能會讓潛在或隱藏的客群完全看不到廣告。)

▶ **依目標客群修正廣告內容**：可以透過屬性相似的影片，從下方留言了解目標客群關心的重點或慣用語，也可以注意顏色或影片表現方式，修正為更吸引人的廣告影片。

廣告的文字內容要有主題，不要太籠統，或精彩、好笑片段吸引觀眾按下互動，或者採取更多行動，像訂閱或留言，而不是一味地推銷產品。

▶ **將客群導回自己的頻道**：將廣告帶來的訪客流量指引到自己的 YouTube 頻道，或其他放置影片的社群平台、網站，加強觀眾的參與及互動。

▶ **增加吸引人的字眼**：例如：廣告中合作網紅或名人的名字 (綽號)、集點送、一起吃早餐、0 元帶走...等，讓廣告更具吸引力。

Part

9

入行前要先知道的 Q & A

看完了前面各主題的講解與操作之後，對 YouTuber 是不是
還有一些疑問，像是遇到不理性的留言怎麼辦？什麼時候公
開影片？要怎麼賺取收益？要不要找經紀人？稅要怎麼算？...
這些疑問都將在此得到解答。

90 影片公開的時間點

Q 影片在什麼時間點公開，較容易被大家看到？

A 根據統計，一般觀眾最常在下課、下班後到睡覺前觀看影片，如果你的觀眾是家庭主婦、熟齡長輩...等則需考量目標客群會觀看影片的時段，建議依觀眾屬性選擇合適的公開時段，可以觸及到更多人，也可透過 **YouTube 數據分析** 進一步了解自己的觀眾群屬性，才能正確掌握適合的時間點。

當影片上傳到 YouTube 並設定為公開的幾個小時內，YouTube 會考量各個面向 (如：吸引大量觀眾、捉住流行動態...等) 與綜合影片觀看人次的各項統計數據，精選出當日發燒影片清單。倘若你的影片上榜了，觀眾就更容易在 YouTube 看到你的影片！

91 處理負面留言，化危機為轉機！

Q 面對負面留言該不該回應？

A 網路聲量本就同時存在正評與負評，想成為 YouTuber 就必須先做好心理建設，躲在鍵盤後面發文的人到處都有，看到負評時別陷入情緒性的筆戰，冷靜面對也許能從建設性的批評中看到自己某些不足加以改進。

創作時總會摻雜個人喜好，也難免會有盲點，從網友的建言發現問題，適度的修正讓後續的影片更接地氣，得到更多人的喜愛。最後只要謹記：誠實、正向地面對負面留言，觀眾就會感受到你處理的誠意，並將批評轉化為對你的支持與熱情。

92 上傳的影片沒人看？

Q 辛苦做好的影片，為什麼上傳後沒什麼人看？

A 影片上傳後觀看次數一直都掛零，那就要想想是不是主題沒有吸引力？不適合你的觀眾群？還是根本沒有人知道你上傳了新影片？...等問題，以下提出幾個方式讓你有效提升頻道曝光度與影片人氣：

▶ 加強曝光

多利用各社群的連結性，像是在官方網站、社交平台貼文、email…等，放上你的 YouTube 頻道連結，也可以適時貼到目標客群的討論區、部落格，爭取更多的曝光的機會。(可參考 Part 8 詳細說明)

▶ 頻道、影片整體精緻化

亮眼的頻道名稱、頻道圖示與橫幅盡可能使用高畫質圖片及影片設計，也可以自訂頻道網址，讓觀眾能更輕鬆找到你的頻道。(可參考 Part 3、9 詳細說明)

▶ 優化影片關鍵字

先了解觀眾群會搜尋什麼關鍵字，利用 Google 搜尋趨勢和 Google Ads 關鍵字規劃工具找出時下的熱門關鍵字和同義詞，再運用到影片標題、說明與標籤上，要讓影片的點擊率更高。(可參考 Part 2 詳細說明)

▶ 提升粉絲黏著度

快速且友善地回覆留言、在影片裡及說明加上呼籲行動的註解 (例如： "訂閱此頻道"、"開啟通知小鈴鐺")、固定影片發布時間...等，都可以加強與粉絲之間的互動，讓粉絲養成習慣觀看你的影片。(可參考 Part 8 詳細說明)

93 讓經紀公司助你一臂之力

Q YouTuber 需要經紀公司嗎？

A 每一位 YouTuber 的發展步調都不盡相同，多數頻道都是由個人開始，然而在有了固定的觀眾、開始定期推出影片、全心投入這項事業時，不僅要負責創作還得顧及商業層面，這時可能需要團隊成員的幫忙或是尋求經紀公司的協助。

經紀公司能為我做什麼？

也有人稱為網紅經紀公司，每家經紀公司擅長的領域不同，但一家好的經紀公司可以提供 YouTuber 需要的資源和幫助，以下簡單列出經紀公司能為 YouTuber 做的事：

▶ 開發及過濾合作廠商

▶ 洽談合理費用 (及收取費用)

▶ 與公司其他 YouTuber 串聯合作

▶ 協助擴展其他事業項目

▶ 協助創作，培養更多技能養成…等

對於經紀公司該了解什麼？

好的經紀公司讓你可以安心創作、口袋滿滿，但相對的，你也必須接受被限制、抽成、不能私自接工作，最大的風險是遇到不合拍的經紀公司，欠錢、限制創作、亂接業配、大小眼、被冷凍…等情況。

該簽經紀約嗎？簽約前的考量

經紀公司比較像是合作夥伴而不是老闆，因為對外經營的名字或露臉都是 YouTuber，如果規劃方向或是形象定位與本身不符合，之後的溝通與創作方向也容易會有糾紛，所以在合作前要先做好功課，與有經驗的人交流，可以大幅降低日後風險。簽經紀約前建議先考慮以下幾件事：

▶ 觀察經紀公司並了解經營情況，如果在觀察或打聽的過程中，發現有急功近利、說謊、財務狀況不佳的情況，務必審慎思考是否要合作。

▶ 了解此公司其他 YouTuber 是否與自己的屬性相近。

▶ 經紀公司是否了解你的創作屬性及方向，對你未來的規劃與自己期望的是否一致。

▶ 考慮所有利弊，像是不能私接案、需抽成、接案及發展都要先溝通…等，再決定是否合作。

▶ 合約逐條確認，像創作所有權、到期自動續約、收入抽成比例、付費方式、違約金…等，簽約前都一定要確認清楚，因為簽約後就必須以合約為標準。

如果沒有經紀公司要怎麼辦？

如果再三衡量之後，覺得自己真的不適合簽經紀約，但是又忙的要命，畢竟 YouTuber 要做的事不只有上傳影片，如果想要賺取營利就會衍生其他相關的事務，像與廠商聯絡協調、開發票、報稅、繳費…等一大堆瑣事，建議在經濟許可下請個助理吧！以金錢換取時間，也不用被限制。

94 　全職 YouTuber 會遇到的困難

Q 成為全職的 YouTuber 就一定能賺錢嗎？

A 大家都說 YouTuber、網紅很好賺，然而全職 YouTuber 名氣不夠時，不但沒什麼收入，可能連吃飯都有問題，在沒有加班費、年假…等勞基法保障下，一切只會讓你備感壓力。

其實最重要的是賺的錢是否足以應付生活所需，還有之後創作拍攝影片需要的資金，因為 YouTuber 的收入較不穩定，如果需要穩定的收入，建議一開始從兼職開始做起，利用下班或週末的空閒時間規劃主題、寫腳本、拍片、剪片、上傳影片…等，直到收入穩定後再轉全職也不遲，可以為自己多留一些空間，確認自己是不是有足夠的熱情、想法可以持續創作，是不是有足夠的抗壓性適合進入這個行業。

95 　稅法要注意

Q YouTuber 如果有營利收入要繳稅金嗎？

A YouTuber 的收入主要有 "工商業配"、"平台廣告分潤" 二種，如果是以個人身份接案收酬勞，那就要特別注意稅法上項目的不同，所需要扣稅比例、免稅額及二代健保補充保費也大不同。一般公司依你所提供的服務可開立的項目分為：50 兼職所得 (或薪資所得)、9A 執行業務所得收入、9B 稿費，建議先了解這三種繳稅服務項目定義，包括有些類別可以扣除成本，在合作前也可以先與酬勞給付方討論，才不會在報稅時發現被多扣了不必要的稅金。

96 透過自己的影片賺取收益

Q 該如何透過影片賺錢？

A 首先需加入 YouTube 合作夥伴計劃，進而透過廣告等收益來源賺取收益。

取得營利資格

加入 YouTube 合作夥伴計劃 (YPP)，就能為影片啟用 **營利** 功能，並獲得在影片中刊登廣告及賺取收益的資格。YouTube 合作夥伴計劃資格規定：訂閱人數超過 1,000 人，而且在過去 12 個月有效的公開影片觀看時數達到 4,000 小時，YouTube 就會審核該頻道是否能加入 YouTube 合作夥伴計劃。

各項收益的基本資格與方式

▶ **廣告分潤**：年滿 18 歲，製作的內容符合廣告客戶青睞內容規範。YouTube 會自動選擇在你的影片中要放送的廣告，台灣 YouTuber 的影片統計約每千次觀看有 1 美金左右的收入，如果觀眾沒有看完廣告或選按插頁式廣告，即使按讚數再多也沒有收入。

▶ **頻道會員**：年滿 18 歲，頻道訂閱人數超過 3 萬人。觀眾支付月費就能成為你的頻道會員，並獲得徽章、表情符號和其他會員專屬獎勵。

▶ **超級留言與超級貼圖**：年滿 18 歲，居住地可使用超級留言功能。觀眾購買超級留言與超級貼圖後，他們的訊息就會以醒目方式顯示在聊天室對話串中。

▶ **YouTube Premium 收益**：訂閱 YouTube Premium 的觀眾觀看了你的影片，你就能獲得訂閱費用的分潤。

▶ **商品專區**：年滿 18 歲，頻道訂閱人數超過 1 萬人。觀眾可以瀏覽及選購觀賞畫面中出現的官方品牌商品。(目前還未開放台灣觀眾使用)

97 被取消營利資格的情況

Q 好不容易符合了 YouTube 合作夥伴計劃資格，也通過了審核，但卻被取消資格？

A 已通過合作夥伴計劃資格後，若接下來的 12 個月份統計觀看時數低於 4,000 小時以下或訂閱人數低於 1,000 人，並不會失去 YPP 營利資格。但是如果你的頻道超過 6 個月未上傳任何影片，就可能被 YouTube 取消 YPP 營利資格。

如果違反以下幾個政策也可能被取消 YPP 營利資格：

▶ **企圖透過別人的影片營利**：版權是 YouTube 上關注的重要議題，如果影片收到社群規範警告或版權警告、全球性 Content ID 封鎖處分，或是影片的任何影像內容與第三方內容相符，都可能遭到停權。

▶ **不合適的影片內容**：影片中使用的連結將觀眾帶往含有色情內容、惡意軟體、仇恨內容或其他不符合社群規範內容的外部網站，都可能遭到停權。

▶ **違反 AdSense 計劃政策**：經 Google 判定某帳戶廣告流量有人為提高廣告商費用或發布商收益的嫌疑，該帳戶營利功能就會暫時遭到停權，嚴重違規者可能遭永久停用。

▶ **違反相關政策**：違反 YouTube 合作夥伴計劃政策、YouTube 垃圾內容政策、AdSense 計劃政策或 YouTube 服務條款，都可能遭到停權。

98　被取消營利資格的解決方法

Q 被取消合作夥伴資格怎麼辦？

A 如果不小心違反了前面提到的政策或條款而被取消資格或停權，分為暫時停權或永久停權。要特別注意！刪除影片並無法解除警告，而且會導致無法提出申訴，所以接到通知第一時間不要急著刪掉影片，先了解可處理或申訴的方式比較重要，常見的情況有以下三種：

▶ **因無效點擊活動被停權：**

提出申訴並儘量提供相關資訊，以利審核人員了解該頻道的流量狀況。

▶ **社群規範警告與版權問題：**

1. 靜待警告自然解除：只要過去 3 個月內未再發生新的版權問題或違反社群規範，版權警告就會在 3 個月後恢復頻道的營利權限。

2. 對社群規範警告提出申訴：聯絡對影片提出聲明的使用者，要求對方撤銷侵害版權的聲明。

3. 對因違反社群規範而遭移除的影片提出申訴：如果影片是因誤認侵權而遭到誤刪，或影片內容可能符合合理使用原則，就可以提交申訴。如果是因為播放清單或縮圖，可使用電子郵件中提供的表格提出申訴。

▶ **因連結內容不當而收到社群規範警告：**

1. 如果你的內容違反了社群規範，YouTube 會移除該項內容，並透過電子郵件通知你。

2. 第一次違反社群規範，會收到警示訊息，如果再次違規，將會對你的頻道發出警告，收到三次警告後，頻道就會遭到終止。

3. 如果認為連結內容並未違反社群規範，可提出申訴。

收到警告通知或影片被下架後可以提出申訴，審核後 YouTube 會以電子郵件通知申訴結果。可能的結果有以下四種：

▶ 如果發現你的影片並未違反社群規範，就會將影片恢復上線，並從帳戶中移除警告記錄。

▶ 移除你帳戶中的警告記錄，但維持影片的下架處置。

▶ 恢復影片上架，但設定年齡限制，通常是因為 YouTube 認為影片並未違規，只是內容不適合所有觀眾觀看。

▶ 如果確認確實違反社群規範，就會維持警告，影片也不能恢復上架。

每一個警告僅有一次申訴的機會，由於 YouTube 的政策可能變更，所以請依 YouTube 通知給予的指示回應，如果有不了解的也可以到 YouTube 工作室右上角按一下 ⑦ 找答案或詢問客服。

影片可能因數種原因而遭到下架，如果無法對遭移除的影片提出申訴，那麼該影片可能不是因為違反社群規範遭到移除，可依照影片旁邊出現的訊息尋找解決方法。

99 賺取收益的其他方式

Q 除了 YouTube 官方的合作夥伴計劃，還有沒有別的賺錢方法？

A 因為個人名氣與影片流量，進而引起廣告商青睞，帶來的投資贊助有多種不同的方式，選擇前要先想想與自己頻道的性質是否相同，以免因為不適合的產品而流失了原有觀眾群。

置入性行銷 (業配)

YouTuber 拍影片的過程中，如果想將商品置入影片中，不論有無收費或只是廠商提供的試用商品，都需要跟觀眾說明實際情況，上傳影片時可選擇標註「含有付費的宣傳內容」。如果沒有說清楚，觀眾因相信你的評論而購買商品，導致不好的購買經驗時，可能會產生被騙的感覺，所以置入商品需先說明清楚，讓觀眾有心理準備，較不容易產生負面觀感及評價。

接案的流程大致如下，最重要的步驟是與廠商溝通，確認雙方同意每一個執行方向或細節，才不容易發生爭議。

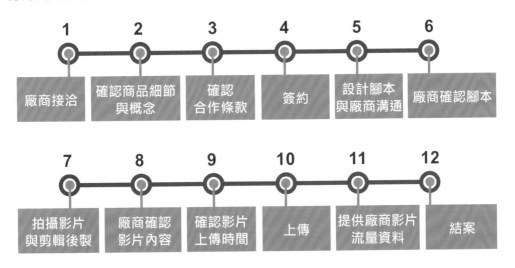

1. 廠商接洽
2. 確認商品細節與概念
3. 確認合作條款
4. 簽約
5. 設計腳本與廠商溝通
6. 廠商確認腳本
7. 拍攝影片與剪輯後製
8. 廠商確認影片內容
9. 確認影片上傳時間
10. 上傳
11. 提供廠商影片流量資料
12. 結案

訂閱集資

如果有特別的企劃，像是教學課程、研究主題...等，可以導引到集資網站或是線上學習網站，讓觀眾透過你在集資頁面的說明了解並贊助。

直播贊助

直播可以讓 YouTuber 與觀眾有更多、更即時的互動，更貼近觀眾，所以現在愈來愈多 YouTuber 會定時開直播，除了之前提到 YPP 合作夥伴計劃的 "超級留言與超級貼圖" 以外，也可以利用歐付寶的實況主直播電子支付，在直播說明中貼上連結，認同理念的觀眾就可以直接贊助。

週邊商品

製作影片時加入一些擬人的卡通小插圖，或是某些 YouTuber 會以寵物為主角，這些都可以成為週邊商品的主題，不論是衣服、帽子、抱枕、月曆、文具...等，也可以與知名廠商聯名，各式的週邊商品也是另一種收入的來源，但是在發包製作時別忘了注意製作品質，以免不好的商品引來負評。

透過專業經紀人提供更多平台

以上幾項收益方式都需要與廠商討論或過濾商品，因此會衍生出像演藝人的經紀人，也有 YouTuber 經紀人，好的經紀公司會協助 YouTuber 規劃形象、提供各種行銷，甚至是出唱片、上電視節目、商品代言...等多元的平台。

啟用營利的方法

Q 在 YouTube 想要透過廣告來源賺取收益需先啟用 **營利**，該如何操作？

A YouTube 合作夥伴計劃 (YPP) 規定，只要影片內容符合資格，創作者就可以透過 YouTube 營利。在開啟始啟用 **營利** 之前，建議先確認以下幾點：

1. 確認你的頻道符合相關政策和社群規範，訂閱人數至少須有 1,000 人，且有效的公開影片觀看時數須達 4,000 小時。

2. **啟用 Google 帳戶的兩步驟驗證**：可以為帳號多一層保護，而如果沒有啟用兩步驟驗證，**營利** 申請審核時間可能會延遲，可至「http://g.co/2sv」申請。

3. 必須連結 AdSense 帳戶才能完成申請流程並收取款項，一個 AdSense 帳戶可以與多個頻道建立連結。如果尚未建立，可至「https://www.google.com.tw/adsense/start」申請。

在未達到 **營利** 門檻前，可參考以下步驟設定開啟通知以利後續申請，在符合條件後也能馬上申請：

01 進入 YouTube 首頁，選按右上角帳戶縮圖 \ **YouTube 工作室**。

02 於 **YouTube 工作室** 選按 **營利**，再選按 **符合申請資格時通知我**。

當頻道的條件符合申請門檻後，可參考以下步驟設定：

01 在 **營利** 畫面按一下 **查看合作夥伴計畫條款 \ 開始**，閱讀 YouTube 合作夥伴計劃相關條款並核選所有項目後，再選按 **我接受**。

02 按一下 **註冊 Google AdSense / 開始**，再選按 **繼續** 並重新登入帳戶。如果已有 AdSense 帳戶，輸入已核准的帳戶，如果沒有 AdSense 帳戶，可依畫面步驟指示建立帳戶。

完成以上步驟後，YouTube 會將你的頻道新增至審查佇列，可以在「https://studio.youtube.com/channel/UC/monetization」查看申請進度，接著就是等待審查完成，如果當時申請案件較多可能會等超過一個月。

如果通過了 YouTube 合作夥伴計畫的審核，就可以開始調整廣告偏好設定，並為上傳的影片啟用營利功能。

如果申請失敗，收到的電子郵件內容中會列出頻道違反的政策，接著依《YouTube 營利政策》和《社群規範》檢查影片 (包括影片內容、標題、說明、縮圖和標記)，最後一定要記得調整頻道內容與所有違反政策的影片。調整後，在收到電子郵件 30 天後可以再次提出申請。

101 營利影片中的廣告類型

Q 在影片中放送的廣告類型有哪些？可以指定類型嗎？

A YouTube 上播放的廣告通稱 TrueView，依據廣告規格與顯示位置有多種類型，有些廣告類型的播放時間較短，觀眾接受度反而較高，建議啟用多種廣告類型，潛在廣告收益也會增加。

YouTube 影片中放送的廣告類型，是在你啟用 **營利** 功能時指定，後續也可以於 **YouTube 工作室** 選按 **設定 \ 預設上傳設定 \ 營利** 調整。

廣告體系關系

YouTube 是由廣告商、觀眾和 YouTuber 三方組成的體系，當越來越多的觀眾在 YouTube 上觀賞，便會激勵更多的 YouTuber 上傳影片，這時廣告商就會在影片上投放廣告將訊息傳達給觀眾，而有了觀眾和廣告商的加入，YouTuber 就可以透過頻道上播放的廣告賺取收益。

關於廣告類型

當頻道啟用 **營利** 功能後，就能在自己的影片中放送廣告，YouTube 會依據相關因素自動選擇要在你的影片中播放哪些廣告。YouTube 上播放的廣告可分為 "串流內" 和 "影片探索" 二種：

▶ **串流內廣告：**

- **播放位置與型式**：廣告可安排在影片開始播放前後或播放期間，而且觀眾可選擇在播放 5 秒後略過。

- **計費標準**：只要觀眾觀看廣告的時間達到 30 秒 (較短廣告則以看完為準)，或是與廣告互動才需付費。

▶ **影片探索廣告：**

- **播放位置與型式**：廣告是由影片縮圖和文字組成，廣告大小及外觀會因顯示位置有所不同，主要出現在 YouTube 相關影片旁、YouTube 搜尋結果網頁，或 YouTube 行動版首頁...等位置。

- **計費標準**：觀眾點選後才需要付費。

你可以啟用頻道上部分或所有廣告格式，將收益最大化，根據廣告規格與顯示位置可以將廣告格式分為以下幾種 (圖示中的橘色矩形為廣告放置區域)：

▶ **多媒體廣告：**

- **廣告尺寸**：300 x 250 或 300 x 60 像素圖片或文字。

- **播放位置**：影片右側和推薦影片清單上方。

- **播放裝置**：桌機和筆電。

▶ **重疊廣告：**

- **廣告尺寸**：468 x 60 或 728 x 90 像素圖片或文字。

- **播放位置**：半透明的廣告，顯示在影片底部 20% 的位置。

- **播放裝置**：桌機和筆電。

▶ **可略過的影片廣告：**

- **廣告尺寸**：以影片播放器大小為主。

- **播放位置**：影片開始前、播放中或結束後插播的廣告，觀眾可在開始播放 5 秒後選擇略過。

- **播放裝置**：桌機、筆電、行動裝置、電視、遊戲主機。

▶ **不可略過的影片廣告：**

- **廣告尺寸**：以影片播放器大小為主。

- **播放位置**：影片開始前、播放中或結束後插播的廣告，長度約 20 秒。

- **播放裝置**：桌機、筆電、行動裝置

▶ **串場廣告：**

- **廣告尺寸**：以影片播放器大小為主。

- **播放位置**：影片開始前插播的廣告，廣告長度大約 6 秒。

- **播放裝置**：桌機、筆電、行動裝置。

小提示

新增影片中插播廣告時間點

上傳的影片長度為 8 分鐘以上，影片播放期間還能插播廣告。於 **YouTube 工作室**，選取左側選單 **內容**，選擇要設定的影片，然後選取 **營利** (如尚未啟用營利功能，請先啟用)，在 **影片廣告的位置** 核選 **影片播放期間** (片中廣告)，讓系統自動設定影片片中廣告插播時間點。

如果想要另外管理廣告插播時間點，可選按 **管理片中廣告 \ 新增廣告插播**，輸入廣告的開始時間，最後在畫面右上方，依序按一下 **繼續** 和 **儲存** 就完成廣告新增。

102 擁有簡單易記的頻道網址

Q 頻道網址可以自訂嗎?

A YouTube 有提供自訂網址的服務,常見的自訂網址格式如下:youtube.com/<頻道名稱+自訂名稱> 和 youtube.com/c/<頻道名稱+自訂名稱>。將個人 YouTube 頻道更改為簡單易記的網址,不但容易被發掘,在宣傳上也更有利,然而頻道需符合下列條件才能自訂網址:

▶ 訂閱人數達 100 人以上

▶ 頻道存在時間至少已達 30 天

▶ 已上傳頻道圖示相片

▶ 已上傳頻道橫幅圖片

確認符合上方資格後,於 YouTube 工作室首頁左側選按 **自訂 \ 基本資訊**,於 **頻道網址** 下方選按 **設定頻道自訂網址**,會出現 YouTube 提供的自訂網址名稱 (以頻道名稱為主),你可以另外加入英文字母或數字,再選按 **發布** 和 **確認** 就完成修改了。

為了方便辨識,多數的頻道名稱都是中文,但加在網址後方就會變成一串亂碼,建議可以先將頻道名稱 (參考 P3-18) 修改為英文,待自訂網址後,再修改回中文,這樣就可以有一個漂亮的自訂網址了!

一個頻道只能有一個自訂網址,如果想要再自訂新的網址,需先移除目前的才能再自訂,每年最多可移除三次,舊的自訂網址剛移除時還是會繼續將觀眾導向你的頻道,待幾天後才會完全失去效力。

NOTE

我也要當 YouTuber(第二版)：百萬粉絲網紅不能說的秘密--拍片、剪輯、直播與宣傳實戰大揭密

作　　者：文淵閣工作室 編著 / 鄧文淵 總監製
企劃編輯：王建賀
文字編輯：詹祐甯
設計裝幀：張寶莉
發 行 人：廖文良

發 行 所：碁峰資訊股份有限公司
地　　址：台北市南港區三重路 66 號 7 樓之 6
電　　話：(02)2788-2408
傳　　真：(02)8192-4433
網　　站：www.gotop.com.tw
書　　號：ACV043000
版　　次：2021 年 05 月二版
　　　　　2024 年 02 月二版九刷
建議售價：NT$380

國家圖書館出版品預行編目資料

我也要當 YouTuber：百萬粉絲網紅不能說的秘密--拍片、剪輯、
直播與宣傳實戰大揭密 / 文淵閣工作室編著.-- 二版.-- 臺北
市：碁峰資訊, 2021.05
　　面；　公分
　　ISBN 978-986-502-792-6(平裝)
　　1.網路產業　2.網路行銷
484.6　　　　　　　　　　　　　　　　110005694